Unsere Umwelt als Spiegel

Dieses Büchlein ist in Liebe Gudrun, Nyanabodhi, Martin und Heinz gewidmet, ohne deren Hilfe ich nicht die Buddha-Lehre verbreiten könnte.

Ayya Khema

Die Ehrw. Ayya Khema im Buddha-Haus, 1990

Unsere Umwelt als Spiegel

Der Weg zum Frieden

Vier Vorträge über Dhammapraxis

von
Ayya Khema

Jhana Verlag

CIP-Kurztitelaufnahme
Khema Ayya:
Unsere Umwelt als Spiegel: der Weg zum Frieden
2. verbesserte Auflage - Uttenbühl
Jhana-Verlag, 1994

Technische Angaben:
Titelbild: Kuan Ying, Symbol für unendliches Mitgefühl
Photographie Seite 2: Nyanabodhi 1990

Satz: Martin Imme
Druck: Druckerei Uhl, Grönenbach
ISBN: 3-928396-02-1

Wir danken Herrn Kurt Onken für die freundliche Genehmigung den Vortrag »Ferien vom Ich«, der bereits 1984 in der Schriftenreihe »Bodhi-Blätter« erschienen ist, abdrucken zu dürfen. Titel der englischen Originalfassung: »Meditating on No-Self« übersetzt von Herrn Kurt Onken.

Außerdem danken wir Gudrun für das Transkribieren der Kassetten, sowie Dominik und Claudia für die Computerarbeit.

Inhalt:

Vorwort

Die in diesem Büchlein enthaltenen Vorträge wurden in Asien und Europa zu verschiedenen Zeiten und vor vollkommen unterschiedlichen Menschen gehalten.

Wir haben sie ausgesucht, weil wir denken, daß sie jedem etwas Nützliches und Hilfreiches vermitteln können.

Des Buddhas Lehre ist pragmatisch, leicht verständlich, alltagsbezogen und dennoch erhebend und beglückend.

Wenn dieses Büchlein das Herz einiger Menschen erreicht und dort ein Heim findet, so sind wir, die daran gearbeitet haben, glücklich.

Ayya Khema

Buddha-Haus im Allgäu, den 18. August 1991

Unsere Umwelt als Spiegel

Gewöhnlich schauen wir in die Welt, wie aus einem Fenster, aus dem ein Junge oder ein Mädchen, das in uns sitzt, herausschaut und sich die Welt beguckt. Im allgemeinen sehen wir mindestens 50 Prozent, oft noch mehr, was wir nicht akzeptabel finden und verurteilen es. Dies ist eine Art und Weise zu leben, die nie Glück und Frieden bringen wird. Wenn wir uns nicht einmal daranmachen zu erkennen, daß das nicht der Weg zum Glück ist, werden wir immer wieder aus diesem Fenster hinausschauen und sagen, daß dieses oder jenes nicht in Ordnung ist, daß diese oder jene Menschen nicht gut sind, daß das einem nicht paßt und man jenes gern anders hätte. Dann versuchen wir äußerlich irgend etwas zu verändern: neue Lehrer, neue Hobbys, neue Meditation, neue Diät, neuer Wohnort; all dies nutzt nichts. Es ist ja immer wieder dasselbe Fenster und dieselbe Aussicht. Auf diese Weise kann unser Leben nie in Ordnung kommen.

Was sich da draußen abspielt, kann man nur wirkungsvoll verwenden, wenn wir es als einen Spiegel benutzen. Schauen wir aus dem Fenster, so vergessen wir uns und sehen nur die Landschaft und beurteilen diese. Wenn wir in einen Spiegel schauen, dann sehen wir uns selber.

Sehen wir uns andere Menschen als unser eigenes Spiegelbild an, dann wird uns ganz klar werden, daß wir in jedem anderen nur das erkennen können, was wir in uns selbst schon gefunden haben. Alles andere ist uns vollkommen verschlossen. Deswegen sagt man:

„Nur ein Buddha kann einen Buddha erkennen." Wir wüßten ja gar nicht, wer ein Buddha ist, weil wir nicht wissen, wie sich das anfühlt. Daher können wir ganz gut erkennen, wenn wir mit Ärger konfrontiert sind, denn wir wissen genau, wie sich das anfühlt. Auch können wir ganz gut erkennen, wenn ein Mensch vor uns steht, der Emotionen und Reaktionen hat, die uns bekannt sind; das heißt also, er zeigt uns nichts anderes als das, was wir in uns haben und spielt es uns sozusagen vor, damit wir einmal wirklich wissen, wie es sich anfühlt, wenn wir dasselbe tun. Nur so ist es möglich, sich das Betrachten der Umwelt zunutze zu machen. Wir wissen dann, daß dieser ärgerliche, unzufriedene, ablehnende, dieser aufgeregte, stolze oder neidische Mensch ja nichts weiter tut als uns ein kleines Theaterspiel vorzuspielen, in das auch wir ständig verwickelt sind. Nun dürfen wir einmal ein paar Minuten der Zuschauer sein und können dann doch eigentlich nur dankbar sein, daß dieser Mensch uns zur Selbsterkenntnis hilft. Wird man selbst ärgerlich, dann ist man wieder nur mit der »Fensterschau« beschäftigt und nutzt das, was um einen herum geschieht nicht als eine Lernsituation. Benutzen wir dieses Leben von morgens bis abends nicht zum Lernen, dann verschwenden wir unsere Zeit. Es handelt sich nicht darum, das zu lernen, was in Büchern steht oder was auf Hochschulen und Universitäten gelehrt wird, sondern darum unsere eigenen Instinkte und Impulse beherrschen zu lernen, so daß Glück und Frieden in uns einziehen. Der Buddha hat Selbstkontrolle und

Selbstdisziplin als die wichtigste Eigenschaft bezeichnet, die wir in uns entwickeln können, um alle anderen guten Eigenschaften in uns hochzubringen.

Wenn wir andere Menschen als Spiegelbild benutzen, dann wird es uns sehr schnell klar, daß unsere Reaktionen nur von uns allein abhängig sind, nicht von jemand anders. Mit unseren Reaktionen machen wir *Karma,* dessen Eigentümer wir sind. Was wir als Ursache hervorrufen, werden wir als Wirkung erfahren.

Wir können zum Beispiel jeden Morgen beim Aufwachen versuchen, dankbar zu sein, daß wir wieder einen Tag Gesundheit und materiellen Wohlstand haben, der uns dazu dienen kann, Neues über uns selbst zu erfahren, anstatt aufzuwachen und zu denken: „Muß ich denn jetzt schon aufstehen und die viele Arbeit verrichten und mich wieder mit diesen unangenehmen Leuten abgeben?" Unsere Dankbarkeit färbt den ganzen Tagesablauf. Vor uns liegt ein Tag, der vieles bringen kann. Ob dies gut oder schlecht für uns ist, hängt nur von unseren eigenen Reaktionen, Urteilen und oft Vorurteilen ab. Diese können aber nicht auf einer fundamentalen Wahrheit beruhen, denn diese muß ja erst einmal erkannt werden. In der relativen Wahrheit, in der wir leben, sind wir ständig damit beschäftigt das »Ich« zu beschützen und dafür zu sorgen, daß es alles bekommt, was es haben will und komfortabel und sicher ist.

Auf dieser relativen Ebene bestehen »Ich« und »Du«, »Ihr« und »Wir«, »Gut« und »Schlecht«, »Morgen« und

»Gestern«, »Haben« und »Nichthaben«, »Wollen« und »Ablehnen«. Wenn wir jetzt nicht einmal versuchen, etwas anderes zu verstehen und kennenzulernen, tiefer einzudringen in universelle Wahrheiten und Begebenheiten, so werden wir nie das Glück finden, das wir alle suchen. Wir glauben, das Glück sei von äußerlichen Dingen abhängig. Denkt man aber darüber eine Sekunde nach, so wird man sofort erkennen können, daß das absurd sein muß. Was gibt es denn da draußen, das uns tiefes Glück geben könnte? Irgendeinen Menschen? Ist er beständig? Hat er immer dieselben Gefühle, Gedanken und Reaktionen? Oder ändert er sich andauernd? Ist er nicht auch dem Tode unterworfen? Gibt es irgendeine Situation, eine Erfahrung oder etwas, was wir sehen, hören, riechen, schmecken oder denken, das uns vollkommenes Glück geben könnte? Wo ist dies zu finden? Und doch läuft die ganze Welt dem hinterher, wie dem Goldschatz, der am Ende des Regenbogens existieren soll. Läuft man einem Regenbogen hinterher, wird man wohl eines Tages merken, daß man ihn nie erreicht.

Außerdem ist ein Regenbogen eine äußerliche Manifestation, und Glück und Frieden sind innere Gefühle, die nicht von außen hineinkommen können, die man sich nur selbst schaffen kann. Wenn man das nicht tut und nicht kann, dann wird man wohl unglücklich und unzufrieden bleiben. Ein anderer kann noch so nett und lieb sein und kann uns versuchen zu helfen, wenn wir es nicht selber machen, kommt das innere Glück nicht zustande. Ramana Maharshi, der ein erleuchteter

Weiser im Süden Indiens war und vor ungefähr 35 Jahren starb, hat gesagt: „Glück und Frieden sind nicht unser Geburtsrecht. Diejenigen, die es erlangen, bekommen es durch ständige Anstrengung." Erlauben wir unserem Geist negative Richtungen einzuschlagen, so ernten wir nichts weiter als unser eigenes negatives *Karma*. Aber statt dessen machen wir oft andere für unsere Reaktionen verantwortlich. Im Prinzip gibt es überhaupt keinen Schuldigen, weder uns selber, noch einen anderen.

Es handelt sich hier einzig und allein darum, den Geist zu trainieren und ihn nicht abrutschen zu lassen. Sobald man also mit der Meditation anfängt, beginnt das Trainieren des Geistes. Will man körperlich etwas erreichen, vielleicht schnell laufen oder weit springen oder gut schwimmen oder Tennis spielen, so muß man dafür auch oft üben. Übt man die Meditation nicht ständig, wird es auch keinen trainierten Geist geben; er wird genauso diskursiv und reaktiv bleiben, wie er immer war.

Ein Mensch, der sich nicht ernsthaft bemüht, den Geist zu trainieren, wird nicht in der Lage sein, klar zu denken, weil er von seinen Emotionen, die den Sinneskontakten folgen, überschüttet wird. Sehen wir etwas, das wir nicht leiden können, dann haben wir ein unangenehmes Gefühl, und schon ist die Emotion des Ärgers, der Ablehnung, des Widerwillens da. Genauso geht es mit den anderen Sinneskontakten. Wenn wir etwas hören, was wir nicht gern haben, so entsteht ein unangenehmes Gefühl, und es folgt Beleidigtsein, Feindschaft oder Nichtleidenkönnen. Und dieses Spielchen können wir natürlich immer wiederholen, Tag für Tag. Wir machen damit nur unser eigenes Leben und das Leben anderer schwierig. Die Menschen, mit denen wir zusammen sind, werden davon in Mitleidenschaft gezogen, und da sie ja ihren Geist auch noch nicht trainiert haben, so reagieren sie natürlich ebenfalls negativ.

Nehmen wir einmal unseren Tagesablauf und damit unseren Geistesablauf in die Hand, dann können wir unsere Reaktionen allmählich ändern. Der erste Schritt dazu ist, sich daran zu erinnern, daß der Buddha gesagt hat, eine menschliche Geburt zu haben, mit allen Sinnen und dem Körper intakt und auch noch in der Lage zu sein, die wahre Lehre zu hören und zu praktizieren, sei ein seltener Glücksfall. Wenn man sich dies mindestens einmal am Tag vergegenwärtigt, dann wird es wohl kaum möglich sein, mit der eigenen Situation unzufrieden zu sein, sondern man kann nur Dankbarkeit empfinden. Vielleicht wird man dann auch erkennen, daß man selber Meister des eigenen Glücks und Unglücks ist, indem man alles, was sich vor einen stellt, als Lernsituation betrachtet.

Nun gibt es natürlich, genau wie in der Schule, Lernsituationen, denen man nicht gewachsen ist. Man fällt durch. Dann muß man es eben noch einmal machen, genau wie in der Schule. Wir sind alle schon viele Male durchgefallen und bekommen immer wieder dieselbe Situation vorgesetzt bis wir das Examen bestehen. Solange wir die Lektion noch nicht erkannt haben, ist es natürlich um so schwieriger. Untersuchen wir aber unsere Reaktionen, dann haben wir eine Chance, den Lernsituationen wirklich gewachsen zu sein. Weichen wir ihnen aus, kommen sie später wieder. Es kann sein, daß wir in diesem Moment ausweichen müssen, weil wir einfach nicht damit fertig werden. Das bedeutet aber nicht, die Lernsituation zu tadeln und andere dafür verantwortlich zu machen, sondern wir erkennen es einfach als unsere eigene Schwäche an. Wir haben noch nicht genug Liebe und Mitgefühl in uns selber entwickeln können und das Kultivieren des Herzens noch nicht in ein Stadium gebracht, indem wir mit so einer schwierigen Situation fertig werden können; das ist alles. Das ist die Wahrheit, alles andere ist Phantasie.

Es ist nicht ein anderer, der Schuld ist oder die Umwelt, die uns bedrängt. Die fehlende Liebe, das fehlende Mitgefühl und Verständnis bringen uns immer wieder in Schwierigkeiten. Diese haben wir alle, und jeder kennt seine eigenen. Für jeden gibt es dieselbe Lösung, nämlich die Schwierigkeiten als nichts anderes anzusehen als ein Hilfsmittel zum Wachstum. Dann haben wir eine ganz andere Beziehung zu ihnen, und wir können sagen: „Es ist wohl gerade das, was ich zu meinem Wachstum gebraucht habe, sonst wäre es ja wohl nicht bei mir erschienen." In dem Moment ist dann die Schwierigkeit nichts weiter als eine Aufforderung zum Wachsen. Wir können sie auch als eine

Herausforderung ansehen, um unsere stärksten Kräfte zu aktivieren. Was uns täglich passiert, ist genau das, was wir zum Wachstum brauchen, nichts anderes, sonst wäre es nämlich nicht passiert. Und wie gesagt, wenn wir damit nicht fertig werden, so ist das auch in Ordnung.

Unsere Umwelt können wir auf zwei Arten als Spiegel verwenden. Den ersten Weg habe ich bereits beschrieben. Es ist immer wieder zu erkennen, daß das, was wir in dem anderen sehen, nur das ist, was wir in uns schon kennen, und wir nichts weiter vorgespielt bekommen als ein kleines Theaterstück, in dem wir selbst der Hauptdarsteller sind. Wir glauben ja sowieso, daß alle anderen nur Nebenrollen haben.

Es gibt noch einen anderen Weg, die Umwelt als Spiegel zu benutzen. Und es ist sehr, sehr wichtig, auch diesen Weg zu gehen. Aber im allgemeinen werden wir von unseren Emotionen derartig überschüttet, daß wir diesen Weg gar nicht gehen können, denn es ist der Weg der Einsicht. Die Emotionen, die uns überschütten, sind häufig so stark wie Wellen im Ozean, unter denen wir dann stehen und nur noch das Wasser sehen und nicht mehr den Meeresspiegel erkennen können. Erst wenn sich die Wellen wieder geglättet haben, und der Meeresspiegel wieder sichtbar geworden ist, können wir versuchen, durch den Meeresspiegel in die Tiefe zu schauen. Dasselbe gilt für unsere Emotionen; wenn wir uns ärgern, oder etwas dringend begehren, so werden wir nichts als Ärger, Begehren, Unzufriedenheit oder

Ablehnung erleben. Wir können nicht mehr das Ganze sehen, sondern nur noch einen Teil davon. Je mehr wir uns von unseren Reaktionen frei machen können, desto einfacher ist es, den Einsichtsweg zu beschreiten und die Umwelt als Spiegel einer absoluten Wahrheit zu benutzen.

Das erste, was ich erklärt habe, ist relative Wahrheit. Der andere ist ärgerlich, also sehe ich meinen eigenen Ärger. Wir können aber auch die absolute Wahrheit in unserer Umwelt erkennen, ob das andere Menschen sind oder nur ein Baum, Strauch, Blatt oder Grashalm, alles spiegelt Unbeständigkeit, Verfall, Krankheit und Tod wieder, wir müssen nur hinschauen. Im allgemeinen haben wir die Fähigkeit, uns derart von der absoluten Wahrheit abzuschirmen, daß wir nur das sehen, was wir sehen wollen. Wenn wir eine Blume sehen, sehen wir entweder »hübsch« oder »häßlich«, oder bei einem Baum sehen wir entweder »nützlich« oder »im Weg«. Wenn wir einen Menschen sehen, so entscheiden wir entweder »netter Kerl« oder »unmöglich«. Aber die Wirklichkeit schauen wir uns überhaupt nicht an, denn sie ist ganz anders. Die Wirklichkeit besteht erst einmal aus der Tatsache, daß alles, was entstanden ist, auch wieder verfallen muß. Sehen wir eine Blume, die hübsch ist, so ist sie wohl gerade im Entstehen oder in ihrer vollen Blüte, und wenn sie häßlich ist, dann ist sie im Verfall. Diesem Prozeß sind wir ebenso unterworfen, nur mit einer längeren Zeitspanne.

Betrachten wir eine Blume, einen Baum oder irgendeine andere Naturerscheinung, dann sollten wir uns in diesen ewigen Wechsel miteinbeziehen. Der Tag weicht der Nacht, die Sonne dem Mond, die Sterne kommen und gehen, sind nicht mehr zu sehen, weil sich dieser Erdball die ganze Zeit dreht und bewegt, und sich das Universum ständig zusammenzieht und wieder ausdehnt. Wenn wir uns die Wahrheiten anschauen, die in allem zu finden sind, und uns in diesen universellen Fluß der Dinge einbeziehen, dann bekommen wir eine andere Reaktion und ein anderes Gefühl für uns selber und die Welt um uns herum. Diese Welt spiegelt die ganze Zeit Unbeständigkeit und Verfall, Entstehen und Vergehen. Wir sind nicht nur ein Teil der Welt, denn jeder von uns ist ja die Welt. Ohne uns wäre überhaupt nichts erfaßbar, denn dann würden wir uns ja nicht bewußt sein, daß da eine Welt ist. Sehen wir die Bewegungen, das ständige Kommen und Gehen von allem, dann sind momentane Schwierigkeiten, denen jeder unterworfen ist, lange nicht mehr so einschneidend. Sie sind zwar noch genau so unangenehm, aber bestimmt nicht mehr so wichtig, denn sie sind ja auch in denselben Fluß miteinbezogen, in dem sich alles ständig verändert.

Unsere Umwelt hat nur dann einen Sinn für uns, je weniger wir versuchen, sie zu beherrschen, zu manipulieren oder als Zuschauer daneben zu stehen, sondern uns miteinbeziehen, und sie als Spiegelbild unserer selbst anschauen. In der relativen Wirklichkeit sind andere Menschen unser Spiegel. In der absoluten

Wirklichkeit beziehen wir die drei Charaktereigenschaften von allem Existierenden auf uns. Der Buddha lehrte als erstes die Unbeständigkeit. Alles muß sich ändern und entschwinden durch Krankheit, Verfall und Tod. Natürlich, wenn diese Erkenntnis einem noch etwas fremd ist, muß man sie erst einmal untersuchen. Der Buddha hat nicht verlangt, daß man seinen Worten glaubt. Er hat verlangt, daß man genug Zutrauen hat, sie zu untersuchen, und selber festzustellen, ob seine Erklärungen stimmen. Wir wollen nicht leichtfertig sagen: „Alles ist unbeständig." Das könnte jeder. Das hilft uns nicht weiter, denn dann kommt gleich der nächste Gedanke: „Alles ist wohl unbeständig, aber deswegen bin ich trotzdem unglücklich oder unzufrieden, ärgerlich oder wütend oder faul." Diese Unbeständigkeit muß uns etwas lehren. Tut sie das nicht, dann haben wir sie noch nicht erkannt.

Die zweite Charaktereigenschaft, die der Buddha lehrte, ist, daß in aller Existenz *Dukkha* enthalten ist. *Dukkha* ist jedes Leid, jeder Schmerz, aber vor allem das Unerfülltsein, die Unzufriedenheit. Es ist die Unmöglichkeit, in der Welt das zu finden, was wir suchen. Warum? Weil alles sich ständig verändert und weil es einfach nicht zu haben ist. *Dukkha* kennt jeder, nur nicht jeder gibt es zu. Die meisten Menschen glauben, daß jemand anders es uns aus Unfreundlichkeit, aus Unverständnis, Faulheit oder Dummheit zugefügt hat. Manchmal glaubt man, es sei die Regierung, die Atombombe oder das Wetter, aber meistens sucht man sich einen persönlichen Sündenbock. Wir kennen

Dukkha, aber wir lernen nichts daraus. Wir können alles, was um uns herum geschieht nach seinem *Dukkha*-Inhalt prüfen und als Lernsituation verstehen, aber nicht glauben, daß es irgend etwas gäbe, das uns speziell *Dukkha* machen will. Es gibt nichts anderes als unsere eigenen Reaktionen.

Der Buddha hat *Dukkha* sehr schön und ganz einfach formuliert, nur leider können sehr wenige Menschen etwas damit anfangen. Nach seiner Erleuchtung unter dem Bodhi-Baum im heutigen Bodh–Gayā im Norden Indiens hat der Buddha die vier edlen Wahrheiten als die Essenz der menschlichen Existenz beschrieben. Die erste Wahrheit ist, daß Existenz mit *Dukkha* angefüllt ist, und die zweite Wahrheit erklärt, daß es nur einen einzigen Grund dafür gibt, nämlich das Begehren. Es ist so einfach, daß wir eigentlich innerhalb von ein paar Minuten sofort wissen müßten, wie wir unser ganzes *Dukkha* loswerden können. Dennoch erkennen es wenige. Begehren bedeutet etwas zu wollen, zu erlangen oder loszuwerden. In dem Moment, wo wir etwas wollen oder nicht wollen, ist *Dukkha* da. In dem Moment, wo wir loslassen, ist *Dukkha* weg. Wenn wir unsere Umwelt dazu benutzen, uns das zu zeigen, so haben wir es richtig angepackt.

Wir können *Dukkha* an unseren Reaktionen erkennen. Wenn wir etwas haben oder festhalten wollen, so sind wir immer in Angstzuständen. Wir fürchten, es nicht zu bekommen oder sollten wir es doch bekommen, es wieder zu verlieren. Wir brauchen eigentlich gar nichts anderes zu wissen, als die erste und zweite edle Wahrheit und uns danach zu richten. Leider gibt es wenige Menschen auf der Welt, die sich überhaupt an sie erinnern, auch wenn sie es schon hundert Mal gehört oder gelesen haben. Die Menschen, die sich eventuell noch an diese Wahrheit erinnern, vergessen meistens, sie zu praktizieren. So kommen immer wieder neue Wünsche, neue Ablehnungen, neues Wollen und neues *Dukkha,* und wir glauben immer wieder, daß wir schlecht behandelt worden sind oder besonderes Pech haben, oder daß wir die äußere Situation verändern müssen. Äußere Situationen sind natürlich veränderlich, aber wenn wir innen nichts ändern, dann nutzt es wenig.

Der spirituelle Weg ist der Weg nach innen. Dort ist alles zu finden, was wir brauchen. In uns selbst lebt tiefes Glück, vollkommener Frieden, absolute Reinheit, totale Liebe und Mitgefühl. Wir müssen nur das, was alles überdeckt, loslassen. Die Schwierigkeit in der Meditation ist auch das Loslassen von dem, was ich denke, möchte, beurteile, verurteile, erkenne oder ablehne. Sollte die Meditation einmal ohne Denken vonstatten gehen, kann man diesen inneren Glücks- und Friedensgefühlen näherkommen, sie erleben und einmal aus eigener Erfahrung erkennen, daß sie wirklich in uns sind. Dies ist das Trainieren des Geistes und das Kultivieren des Herzens.

Wollen wir unserem Herzen zum Wachstum verhelfen und ihm immer wieder die Aufgabe geben, geläuterter und liebevoller zu werden, so sieht unsere Umwelt ganz anders aus. Die Leute mögen alle dieselben sein, sie mögen dieselben Dummheiten machen, die sie immer gemacht haben - wir haben ja sowieso keine Möglichkeit, das zu ändern - wenn wir aber anders sind, dann verändert sich alles für uns. Es ist interessant und nachvollziehbar, wenn in einem selbst Liebe und Mitgefühl mehr kultiviert sind, daß dies auch einen Widerhall findet, der automatisch ist wie ein Echo. Es ist sehr schwierig, einem liebenden Menschen haßerfüllt gegenüberzustehen, noch dazu einem Menschen, der sich von dem Haß überhaupt nicht beirren läßt, sondern weiter liebevoll ist. Das fällt jedem schwer. Das heißt also, was wir in uns selber kultivieren, das finden wir dann auch um uns herum. Wenn wir unsere Gedanken und unser Erkennen immer wieder in die Richtung bringen, wo wir absolute Wahrheit um uns herum sehen, nicht immer nur diese relative »Ich-Bezogenheit«, dann ist es auch viel einfacher, geläuterte Reaktionen zu haben. Alles, was individuell und relativ ist, hat nicht mehr so viel Wichtigkeit, weil wir etwas Größeres, Universelles erkannt haben.

Die Meditation muß einem dazu verhelfen, die Buddha-Lehre tief zu durchdringen. Alleine sind wenige Menschen in der Lage, solche tiefen Einsichten zu erlangen. Deshalb brauchen wir die Hilfe eines spirituellen Pfades, in dem alles enthalten ist.

* * *

Liebende-Güte-Meditation
(Reinheit des Herzens)

Eine solche Meditation ist eine besonders gute Gelegenheit, einmal in uns selber nachzuspüren, wie leicht oder wie schwer es uns fällt, Liebe zu empfinden und uns anderen zuzuwenden. Wieviel andere Emotionen eventuell noch hochkommen, die mit Liebe nichts zu tun haben; ob überhaupt Emotionen hochkommen, oder sich alles im Denken abspielt. Es ist wichtig, dies über uns selbst zu erfahren. Die Formel heißt: Erkennen – nicht tadeln – ändern. Erkennen, wie es ist; da gibt es nichts zu tadeln, aber wenn es nicht glücklich macht, dann können wir versuchen, es zu ändern.

Auf dieser Reise nach innen, bei der wir einmal feststellen können, wie sehr die Umwelt uns selber widerspiegelt, ist gerade die Möglichkeit des Erkennens der eigenen Fähigkeiten wichtig. Bei jeder Meditation sollte man ein paar Minuten am Anfang dazu verwenden, für sich selber ein Gefühl der Liebe, Zufriedenheit, der Freude und der Dankbarkeit hochkommen zu lassen. Dankbarkeit für die Möglichkeit, Meditation zu praktizieren, für die Menschen, die einem geholfen haben und die zu einem stehen, für das Glück, gesund genug zu sein, dies zu tun. Das hilft dem Geist, Freude zu empfinden, sich selber liebevoll anzusehen, nicht verärgert oder ablehnend zu sein und keine Widerstände in sich aufzubauen. Sollte diese Meditation, die wir jetzt machen werden, nur bei den Gedanken bleiben und keinerlei Gefühle hervorrufen, so ist das kein Grund zur Trauer. Wo heute die Gedanken hingehen, werden die Gefühle eines Tages schon nachkommen. Es ist vor allen Dingen wichtig, die Gedanken absichtlich in die richtigen Bahnen zu leiten und zu erkennen, wie die heilsamen und die unheilsamen Gedankengänge ablaufen.

- Um anzufangen, bitte die Achtsamkeit ein paar Momente auf den Atem lenken.

- Jetzt in das eigene Herz hineinschauen und feststellen, ob da irgendwelche Gefühle von Ärger, Ablehnung, Aufregung, Sorgen, Kummer, Widerwillen, Neid, Eifersucht, Zukunftspläne oder Vergangenheitserinnerungen zu finden sind. All' dies wie schwarze Wolken am Himmel vom Wind verwehen lassen. Denn es sind ja nur dunkle Wolken im Gemüt, und sie haben keine absolute Realität.

- Dann noch einmal in das eigene Herz hineinschauen und in dem offenen Raum des Herzens Frieden und Liebe finden; Frieden als ein Gefühl der Sicherheit, des Sich-unantastbar-Fühlens; Liebe als ein Gefühl der Wärme, des Wohlwollens, der Zuneigung. Sich mit dem Gefühl des Friedens von Kopf bis Fuß anfüllen; mit dem Gefühl der Liebe, der Wärme, der Zuneigung sich umhüllen und sich darin vollkommen sicher fühlen.

- Jetzt denjenigen, der am nächsten sitzt, mit Frieden anfüllen und mit Liebe umhüllen als ein Geschenk vom eigenen Herzen.
- Nun den Frieden und die Liebe wachsen lassen und jeden einzelnen, der anwesend ist, mit Frieden anfüllen, mit Liebe umhüllen, jedem dieses Geschenk geben, so daß sich jeder davon berührt fühlen kann.
- Jetzt an die eigenen Eltern denken und ihnen dieses Geschenk von Frieden und Liebe geben, sie mit Frieden anfüllen, mit Liebe umhüllen, so daß sie sich darin vollkommen geborgen fühlen können.
- Jetzt an die liebsten und nächsten Menschen denken, sie mit Frieden anfüllen, mit Liebe umhüllen, als das schönste Geschenk, was wir ihnen geben können, ohne zu erwarten, das gleiche zurückzubekommen.
- An alle guten Freunde denken und auch diesen das Geschenk des Friedens und der Liebe geben, es aus dem Herzen zu allen Freunden hinströmen lassen; sie mit dem Gefühl des Friedens füllen und dem Wärmegefühl der Liebe umhüllen, sie teilhaben lassen an der Lauterkeit des eigenen Herzens.
- Jetzt an Nachbarn, Arbeitskollegen und all' die Menschen denken, die man hier und dort einmal sieht, Verkäufer, Postboten – wo immer wir Menschen treffen. Die Fülle des Friedens und der Liebe aus dem eigenen Herzen strömen lassen und auch

diese damit anfüllen und umhüllen, ihnen das Geschenk geben, das das eigene Herz zu verschenken hat.

- An irgendeinen Menschen denken, mit dem man Schwierigkeiten hat. Vergeben und vergessen! Das Herz auch für diesen öffnen, mit Frieden füllen, mit Liebe, Wärme und Zuneigung umhüllen. Ruhe und Stärke geben uns den inneren Frieden, Wärme und Zuneigung öffnen das Herz für Liebe.

- Nun das Herz ganz weit öffnen, den Frieden und die Liebe daraus fließen lassen, wie einen goldenen Strom. Erst zu den Menschen, die in der Nähe sind, dann, je nachdem wieviel Kraft das Herz hat, immer weiter in die Ferne, zu den Menschen in den nächsten Ortschaften und weiter und weiter bis sich Liebe und Frieden über das ganze Land verteilen und viele Menschen davon berührt werden können, so weit wie dieser goldene Strom aus dem Herzen fließen kann. Weiter zu den Menschen und Lebewesen in den angrenzenden Ländern, in ganz Europa und dann über den ganzen Erdball verteilen, wo immer Lebewesen sind, soweit unsere Kraft reicht, Wärme, Zuneigung und Wohlwollen auszuströmen, Ruhe und Zufriedenheit fließen zu lassen.

- Jetzt Liebe und Frieden in das Weltall, zu der ganzen Schöpfung hineinströmen lassen, so daß nichts anderes im Herzen existiert als das Fühlen des Einsseins, das Lieben und der Frieden mit allem, was ist.

- Die Achtsamkeit wieder auf sich selber lenken und Freude hochkommen lassen, die vom Lieben kommt und Ruhe, die vom inneren Frieden kommt, sich damit füllen und umhüllen, geborgen und unantastbar fühlen.
- Mögen alle Menschen Frieden und Liebe im Herzen tragen.

* * *

Ferien vom Ich

In der Lehre des Buddha werden immer wieder die Wörter »Ich« oder »Selbst« und »Nicht-Ich« oder »Nicht-Selbst« verwendet. Wir sollten schon deshalb wissen, welche Bewandtnis dieses »Nicht-Ich« (in der Pāli-Sprache *anattā*) eigentlich hat, und würde es sich auch nur um eine Idee, eine Vorstellung handeln. Denn ohne Zweifel nimmt dieser Begriff in der Unterweisung des Buddha, des »Erwachten«, eine zentrale Bedeutung ein und ist im Vergleich zu den anderen Religionen einzigartig. Jedenfalls hat kein anderer Weisheitslehrer das Nicht-Ich in dieser Weise dargelegt. Und gerade weil er es in dieser Weise dargelegt hat, ist es überhaupt möglich, darüber zu sprechen. Freilich wurde über das Nicht-Ich, das *Anattā*, schon viel geschrieben, doch um es wirklich zu kennen, muß man es erleben, erfahren. Und eben dahin will ja die Lehre führen: zur Erfahrung des Nicht-Ich.

Um allerdings dieses Nicht-Ich erfahren zu können, sollte man zunächst das, was man als »Ich« ansieht, vollauf begriffen haben, es wirklich kennen. Solange wir nämlich nicht wissen, was es mit diesem »Selbst« genannten »Ich« eigentlich auf sich hat, werden wir unmöglich begreifen, was etwa mit »da ist kein Ich« gemeint ist. Bevor wir etwas weggeben können, müssen wir es ja zunächst in den Händen haben.

Wir sind unentwegt bemüht, uns des Selbstes zu versichern. Und allein darin zeigt sich schon, eine wie zerbrechliche Angelegenheit dieses Ich ist. Warum müssen wir uns denn seiner immer wieder versichern?

Weshalb sind wir in steter Sorge, unser Ich sei in seiner Existenz gefährdet und ermangele dessen, was es zum Weiterleben benötigt? Wäre es das solide Ding, für das wir es halten, dann müßten wir uns doch nicht so oft bedroht fühlen.

Wir bejahen das Ich immer wieder durch Identifikation. Wir identifizieren uns mit einem bestimmten Namen, unserem Alter, Geschlecht, einer Fähigkeit, einer Beschäftigung. „Ich bin Anwalt, ich bin Arzt, ich bin Buchhalter, ich bin Student." Und wir identifizieren uns mit den Leuten, denen wir zugetan sind: „Ich bin ein Ehemann, ich bin eine Ehefrau, ich bin eine Mutter, ich bin eine Tochter, ich bin ein Sohn."

Natürlich müssen wir beim Sprechen das »Ich« in dieser Weise benutzen. Aber wir tun es leider nicht nur in der Sprache. Wir denken wirklich, daß wir dieses Ich seien. Wir glauben fest daran. Wir lassen in unserem Geiste gar keinen Zweifel aufkommen, daß wir dieses Ich sind. Wenn irgendeiner dieser Faktoren bedroht wird, wenn eine Mutter zu sein oder ein Anwalt oder ein Lehrer zu sein bedroht wird, oder wenn wir diejenigen verlieren, die uns das Ich zu bewahren ermöglichen – welch eine Tragödie! Die Selbst-Identifikation kommt ins Wanken, und das »Ich« hat Mühe, sich zu behaupten.

Lob und Tadel sind einzubeziehen: Lob bestätigt mich, Tadel stellt mich in Frage. Und so lieben wir Lob und können Tadel nicht leiden. Sofort ist das Ego gefährdet. Ruhm und Schande – dasselbe Problem.

Gewinn und Verlust – desgleichen. Gewinnen wir, wird das Ego größer; verlieren wir, schrumpft es ein. Und so befinden wir uns unentwegt in einem Dilemma und in ständiger Angst: das Ego könnte ein klein bißchen von seiner Grandeur verlieren, jemand könnte es ein wenig verkleinern. Und das stößt uns allen zu. Da will doch bestimmt irgendeiner uns wegen irgend etwas schmähen. Schließlich hat man sogar den Buddha getadelt.

Dabei ist der Tadel, der uns trifft, nicht das eigentliche Problem. Das Problem ist unsere Reaktion darauf, etwa daß wir uns kleiner fühlen. Das Ego hat nun alle Mühe, sich wieder Geltung zu verschaffen. Was wir zu diesem Zweck gewöhnlich tun, ist zurückzutadeln, also des anderen Ego ebenfalls etwas kleiner zu machen.

Identifikation, mit was immer wir gerade tun und mit was immer wir besitzen, seien es Gegenstände oder Menschen, ist nun einmal, so jedenfalls glauben wir, für unser Weiterleben unerläßlich. Wenn wir uns nicht mit diesem oder jenem identifizieren, fühlen wir uns ohne Anhalt frei schwebend. Darin steckt der Grund, weshalb es so schwer ist, in der Meditation das Denken abzustellen. Denn ohne Denken wäre da keine Identifikation. Womit soll ich mich identifizieren, wenn ich nicht denke? Deshalb ist es so schwierig, in einen Zustand der Meditation zu gelangen, in dem es wirklich nichts mehr gibt, womit wir uns identifizieren könnten.

Auch Glück kann eine Identifikation sein. „Ich bin glücklich." „Ich bin unglücklich." Weil wir auf das Weiterleben so erpicht sind, müssen wir uns immer weiter identifizieren. Wenn dieses Identifizieren zu einer Angelegenheit von Leben und Tod des Ego wird, – was es ja gewöhnlich ist – dann wird die Furcht vor dessen Verlust so groß, daß wir in einen dauernden Angstzustand geraten können. Wir sind unentwegt ängstlich, entweder die Besitztümer oder die Menschen zu verlieren, die uns zu dem machen, was wir sind. Wenn ich kein Kind habe oder wenn mein Kind stirbt, dann bin ich keine Mutter. Und so wird die Angst zum alles Beherrschenden. (Das gleiche gilt für alle anderen Identifikationen.) Wahrhaftig kein friedvoller Lebenszustand! Und wer ist schuld daran? Nur und immer wieder nur das Ego, der Durst nach Sein.

Dieses Identifizieren läuft, selbstverständlich, auf den Durst nach Haben hinaus. Und dieses Habenwollen auf das Anhaften. Was wir haben, womit wir uns identifizieren, daran haften wir. Dieses Anhaften, dieses Anhängen, macht es so äußerst schwer, einen freien und aufgeschlossenen Standpunkt zu haben. Vielleicht hängen wir nicht an Rennwagen oder Villen, vielleicht nicht einmal an Menschen, aber wir hängen bestimmt an unseren Ansichten und Meinungen. Wir hängen an unserer Weltsicht. Wir haften etwa an unserer Auffassung, wie man glücklich werden kann. Vielleicht hängen wir gar an einer bestimmten Vorstellung, wer die Welt erschaffen hat. Woran immer wir hängen, einschließlich der Art und Weise, mit der die Regierung regieren sollte: all dies Anhängen macht es äußerst schwierig, die Dinge so zu sehen, wie sie wirklich sind, also vorurteilslos zu sein. Denn nur ein von Vorurteilen freier Geist kann überhaupt neue Ideen und neues Verständnis aufnehmen.

Der Erwachte hat die Verschiedenartigkeit von Zuhörern mit vier Tontöpfen verglichen. Der erste Topf hat Löcher in seinem Boden. Gießt man Wasser hinein, läuft es auch schon wieder aus. Mit anderen Worten: Was immer man diese Art von Zuhörer lehrt, es ist nutzlos. Der zweite Topf hat Sprünge und Risse; füllt man ihn mit Wasser, so läuft es nicht gleich aus, aber es versickert langsam. Der diesem Topf entsprechende Zuhörer kann sich an nichts erinnern, er hat Risse in seinem Verständnis. Der dritte Zuhörer wird mit einem voll aufgefüllten Topf verglichen, in den man Wasser nicht mal hineingießen kann; er ist so voller Ansichten, daß er nichts Neues mehr aufzunehmen vermag. Nun, wollen wir hoffen, daß wir von der Art des vierten Zuhörers sind, also ein leerer Topf ohne Löcher und Sprünge. Völlig leer!

Leider, wage ich zu behaupten, sind wir es nicht. Wir sind bestenfalls leer genug, um noch ein bißchen Neues aufnehmen zu können. Denn so ganz leer zu sein, auch von Ansichten und Meinungen, würde ja bedeuten, daß wir ohne jedes Anhangen sind. Sogar ohne Anhangen an das, was wir für die Wirklichkeit halten. Was immer wir nämlich dafür halten, ist es bestimmt nicht; wäre sie es wirklich, könnten wir keinen einzigen Augenblick unglücklich sein. Wir würden ja nie den Mangel an irgend etwas fühlen. Auch keinen Mangel an Kameradschaft oder Besitz. Wir würden uns nie enttäuscht oder gelangweilt fühlen. Sind wir es aber, dann ist das von uns für wirklich Gehaltene gewiß nicht echte Realität. Die eigentliche, wahre Wirklichkeit ist nämlich die volle Erfüllung. Wenn wir jedoch nicht vollständig erfüllt sind, sehen wir auch nur eine unvollständige Wirklichkeit. Und so ist denn jede Sicht, jede Ansicht, die wir haben könnten, entweder falsch oder mangelhaft. Da sie aber falsch oder vom Ego begrenzt sind, sollten wir unsere Ansichten mit größtem Argwohn betrachten.

Alles, woran wir hängen, hält uns gefesselt. Wenn ich mich an ein Tischbein anklammere, kann ich nicht zur Tür hinaus. Ich kann mich kaum bewegen, ich bin angeheftet. Erst wenn ich loslasse, habe ich die Möglichkeit, ins Freie zu gehen. Und in gleicher Weise ist jedes Identifizieren, jedes Besitzen, mit dem wir anhaften, just das, was uns hindert, die transzendente Wirklickeit* zu erreichen. Denn wir können zwar verhältnismäßig leicht das Anhaften an Dingen und Menschen erkennen, aber nur mit Mühe einsehen, warum die fünf *Khandha* »die fünf Anhaftensgruppen« genannt werden. So lautet ihr Name, und sie umfassen tatsächlich all das, woran wir hängen. Da haben wir das gesamte Anhangen. Wenn wir diese unsere Geistkörperlichkeit (*nāma–rūpa*) betrachten, zweifeln wir nicht im geringsten daran, daß es sich um meinen

---

* die also jenseits der Grenzen unserer Erfahrung und der sinnlich erkennbaren Wirklichkeit liegt.

Körper, mein Gefühl, meine Wahrnehmung, mein Denken und mein Bewußtsein handelt – *rūpa, vedanā, saññā, saṅkhāra, viññāṇa.*

Niemand beginnt ja zu zweifeln, ehe er nicht zu sehen beginnt. Und für eben dieses Sehen benötigen wir ein offenes, vorurteilsloses Erkennen, abseits unserer gewohnten Ansichten und Meinungen.

Anhaften ist das größte Inbesitznehmen und die stärkste Bindung, die es gibt. Solange wir anhaften, können wir die Wirklichkeit nicht sehen. Anhaften verstellt uns den Blick auf die Realität und verfärbt, was immer wir für wahr halten.

Nun kann man allerdings nicht verkünden: „Wohlan denn, von jetzt an werde ich nie mehr anhangen". So einfach geht das nicht. Das für ein Ich Gehaltene auseinandernehmen und es nicht mehr für ein Ganzes halten, ist nämlich ein langsamer und stufenweiser Vorgang. Wenn aber Meditation einen Gewinn haben soll, dann muß sie in erster Linie deutlich machen: hier ist das Geistige, da ist das Körperliche! Es gibt eben kein ungeteiltes Ding, das die ganze Zeit in Harmonie wirkt. Da ist zunächst der Geist, der denkt und den Körper in Bewegung setzt. Und das ist ja nur der erste Schritt, sich etwas klarer zu betrachten. Ferner können wir feststellen „da ist ein Gefühl" und „ich gebe diesem Gefühl einen Namen", was Gedächtnis und Wahrnehmung erfordert. „Dies ist der Gedanke, den ich bei diesem Gefühl habe. Und das ist entstanden, weil das

Bewußtsein sich mit dem auftauchenden Gefühl verbunden hat".

Beobachten wir einmal die zum Geistigen gehörenden *khandha* einzeln für sich. Wenn wir dies während ihres Geschehens tun und nicht wie jetzt nur darüber nachdenken, dann beginnen wir dunkel zu ahnen, daß es sich da nicht um unser Selbst, das unveränderliche Ich, handelt, daß dies vielmehr einzelne Erscheinungen, Phänomene sind, die auftauchen, einen Augenblick verharren und sogleich wieder verschwinden. Wie lange verweilt das Bewußtsein schon bei einem Objekt? Wie lange dauern Gedanken? Haben wir sie wirklich eingeladen?

Das Anhangen, das Angehängtsein ist es, was das Ego entstehen läßt. Denn nur durch Anhangen taucht die Vorstellung eines Ichs auf, na und das Ich hat eben all die Probleme. Wären denn diese Probleme auch ohne dieses Ich? Wenn »da drin« keiner säße – wie wir vermeinen –, wer würde Ich genannt oder Franz oder Klärchen, und wer hätte die Probleme? Die *Khandha* haben jedenfalls keine Probleme; sie sind einfach Prozesse, sind Erscheinungen, mehr nicht. Sie rollen immer nur weiter und weiter und weiter. Weil ich aber nach ihnen greife, sie festhalten will und „Ich bin's, Ich fühle, Ich wünsche" ausrufe, deshalb entstehen die Probleme.

Wenn wir vom Leiden wirklich befreit werden wollen, voll und ganz, dann muß Anhangen schwinden. Dieser geistige Weg ist kein Weg des Erlangens, sondern des Loslassens. Je mehr wir loslassen, um so weiter öffnet sich uns der Raum, um die Wirklichkeit zu sehen. Denn was wir loslassen, ist ja nicht länger vorhanden, und in gleichem Maße wächst die Bewegungsfreiheit, ohne daß wir uns gleich wieder an den Erfolg unseres Bewegens hängen. Solange wir uns nämlich an das Ergebnis dessen, was wir tun oder denken oder fühlen, anklammern, bleiben wir festgehalten, sind wir eingeschlossen.

Nun ist da ein weiterer Fehler zu erwähnen: wir sind daran interessiert, etwas oder jemand zu werden. Wir möchten ein hervorragender Meditierender werden, oder ein angesehener Akademiker. Wir möchten also etwas werden, das wir nicht sind. Und das etwas werden zu wollen, hindert uns daran, etwas zu sein. Und wenn wir am Sein verhindert sind, können wir unsere Aufmerksamkeit nicht auf das richten, was wirklich ist. Denn dieses Geschäft des Möchte-gern-Werdens findet ja in der Zukunft statt. Und weil, was immer sich in der Zukunft abspielt, reine Vermutung ist, leben wir in einer Traumwelt. Die einzige Wirklichkeit aber, der wir sicher sein können, ist nur der einzelne Augenblick – gerade jetzt; und dieser einzelne Augenblick – dessen muß man sich voll bewußt sein – ist bereits vergangen und dieser da ist auch schon zerronnen, und der nächste ist ebenfalls vorbei! Wie es Hugo von Hofmannsthal ausdrückt:

„Dies ist ein Ding, das keiner voll aussinnt,
und viel zu grauenvoll, als daß man klage:
daß alles gleitet und vorüberrinnt."

Es ist die Vergänglichkeit aller Dinge. Jeder Augenblick enteilt, doch wir klammern uns daran und versuchen, ihn festzuhalten; versuchen, eine Wirklichkeit daraus zu schaffen, etwas Sicheres; versuchen, aus den vorbeirasenden Momenten etwas zu machen, was sie nicht sind. Beachten wir, wie sie alle vorübereilen. Ach, wir können nicht einmal feststellen, wie schnell sie es tun.

Da gibt es nichts, das sicher ist, nichts, uns daran festzuhalten, nichts, das beständig ist. Das ganze Universum fällt auseinander und wieder zusammen. Und darin ist all das, was wir Ich nennen, eingeschlossen. Ob wir es nun glauben oder nicht, macht dabei keinen Unterschied. Wenn wir es aber genau wissen wollen, müssen wir es erfahren; und wenn wir es erfahren, ist es völlig klar. Keiner kann uns überzeugen, dem sei nicht so. Und wenn es einer doch versucht, werden uns dessen Einwände kaum beeindrucken, denn, wir haben es ja erfahren. Es ist wie „in eine Mangofrucht beißen, um deren Geschmack wirklich kennenzulernen".

Um dies zu erfahren, müssen wir meditieren. Ein gewöhnlicher Geist kann nur gewöhnliche Gedanken und Ideen haben. Wollen wir jedoch außergewöhnliche Ideen und Erfahrungen begreifen, dann müssen wir einen außergewöhnlichen Geist entwickeln. Und ein außergewöhnlicher Geist entsteht durch Konzentration. Die meisten Meditierenden haben schon ein Bewußtseinsstadium erfahren, das sich von dem gewohnten unterscheidet. So ist es schon nicht mehr das Gewöhnliche. Aber wir müssen dies immer mehr verstärken, bis zu dem Punkt, wo der Geist wahrhaft außergewöhnlich ist, und zwar in dem Sinne, daß er sich überall dorthin zu richten vermag, wohin er wünscht. Außergewöhnlich ferner in dem Sinne, daß er nun durch alltägliche Ereignisse nicht länger beunruhigt wird. Wenn der Geist sich konzentrieren kann, erfährt er Zustände, die er zuvor nie gekannt hatte. Die Feststellung, daß unser Universum ständig auseinanderfällt und sich wieder zusammenfügt, ist eine meditative Erfahrung. Dazu bedarf es freilich der Übung, der Beharrlichkeit und der Geduld. Und wenn der Geist unirritierbar und still wird, dann können Gleichmut, Seelenruhe und Frieden zur Oberfläche aufsteigen.

Gleichzeitig gewinnt der Geist einen Begriff von der Vergänglichkeit, und zwar in einem solchen Maße, daß wir nun auch uns selbst als völlig vergänglich erkennen. Und wenn man seinen eigenen Geist als völlig vergänglich erlebt hat, dann findet im Innenleben eine Umschichtung statt. Diese Umschichtung möchte ich mit einem Kaleidoskop vergleichen, mit dem Kinder gerne spielen: eine leichte Berührung, und schon erhält man ein verändertes Bild; die ganze Welt sieht – lediglich infolge einer leichten Verschiebung – völlig anders aus.

Anattā wird durch den Anblick der Vergänglichkeit erfahren, durch den Anblick des Unbefriedigenden, durch den Anblick der Leere. Leer wovon? Das Wort »Leere« wird oft mißverstanden. „Was verstehst du denn unter Leere?" fragt man nur dann, wenn man sie allein für einen Begriff hält. Da ist doch alles ausgefüllt; da sind die Menschen und deren Inneres, Eingeweide und Knochen und Blut; alles ist voller Materie. Und der Geist ist ebensowenig leer, sondern mit Ideen, Gedanken und vielem anderen angefüllt. Und selbst wenn das alles nicht da wäre: „was verstehst du denn also unter dieser Leere?"

Die Leerheit in den *Khandha* ist das Leersein von einem Wesen. Da ist kein bestimmtes Wesen in irgend etwas enthalten. Das ist Leerheit. Das ist das Nichts, die Nichtigkeit. Und diese Nichtigkeit wird in der Meditation erlebt. Sie ist ohne eine bestimmte Person, ohne eine bestimmte Sache, leer von allem, was sie dauernd machte, leer von allem, was irgendeinen besonderen Wert hätte. Das Ganze ist lediglich ein Fließen, ein stetiger Wandel. Das also ist Leerheit. Und diese Leere kann überall erkannt werden, und vor allem muß sie in uns selbst gesehen werden. Das eben wird *Anattā* genannt, Nicht-Ich. Leer von einem Wesen. Da ist gar keiner zu finden. Alles ist reine Einbildung*.

Das scheint uns zunächst recht ungemütlich. Diese Person, die ich mit soviel Sorge umgebe; die das oder jenes auszuführen versucht; diese Person, die mir

---

* „Ob Vollendete erscheinen oder nicht erscheinen, fest steht diese Tatsache, dieses Naturgesetz, diese Ordnung der Dinge: alle Gebilde (*saṅkhāra*) sind vergänglich, alle Gebilde sind leidvoll, alle Dinge sind Nicht-Ich."

Sicherheit geben soll, die das Leben überhaupt lebenswert macht – diese Person ist nirgends zu finden? Welch schreckerregende und gefährliche Vorstellung! Und welche Angstgefühle löst sie aus! Dabei trifft ja tatsächlich das Gegenteil zu. Wenn man nämlich den Schrecken akzeptiert, aushält und überwindet, erlebt man vollständige und höchste Erleichterung und Befreiung.

Ich möchte das mit einem Gleichnis verdeutlichen: Stellen Sie sich vor, Sie besäßen ein sehr kostbares Juwel, so kostbar, daß Sie Ihr ganzes Vertrauen darauf setzen, es werde Sie, sollten schwere Zeiten kommen, erhalten und Ihnen Sicherheit verbürgen. Da Sie niemand trauen, besitzen Sie in Ihrem Haus einen Tresor, in dem Sie Ihr Juwel verwahrt halten.

Nun haben Sie einige Jahre schwer gearbeitet und finden, Sie hätten endlich Ferien verdient. So weit, so gut. Aber was soll mit dem Juwel geschehen? Klar ist, daß Sie es in Ihre Meerbadeferien nicht mitnehmen können. So kaufen Sie für die Türen Ihres Hauses neue Schlösser, vergittern die Fenster und mobilisieren Ihre Nachbarn. Sie erzählen ihnen von Ihrem Ferienplan und bitten sie, nach Ihrem Haus zu sehen, mit dem Tresor mittendrin. Natürlich sagen die das gerne zu; Sie könnten ganz beruhigt sein. Und so reisen Sie in die Ferien ab. Sie gehen an den Strand; es ist wundervoll, herrlich. Die Palmen wedeln sanft im Winde, und Ihr sorgsam ausgewähltes Fleckchen Strand ist sauber und hübsch. Die Wellen sind warm, und alles ist wunderschön.

Den ersten Tag genießen Sie in vollen Zügen. Am zweiten Tag meldet sich der Gedanke: die Nachbarn sind wirklich reizende Menschen, aber sie besuchen ja gelegentlich ihre Kinder, sind also nicht immer zu Hause; und da war doch unlängst in der Nähe ein wahrer Hochbetrieb an Einbrüchen. Am dritten Tag sind Sie überzeugt, daß etwas Schreckliches geschehen wird, und Sie fahren nach Hause zurück. Sie treten ein und öffnen den Tresor: Alles ist in bester Ordnung. Sie gehen zu den Nachbarn hinüber, die sich wundern: „Warum sind Sie denn zurückgekommen? Wir haben uns um Ihr Haus gekümmert; Sie hätten gar nicht kommen brauchen; alles stand zum Besten."

Im nächsten Jahr dasselbe. „Diesmal werde ich", erklären Sie Ihren Nachbarn, „einen Monat wegbleiben. Ich habe nach all der schweren Arbeit die Ferien dringend nötig." Die ihrerseits reden Ihnen zu: „Gar kein Grund zur Beunruhigung; reisen Sie getrost ans Meer!" Wiederum vergittern Sie die Fenster, verriegeln die Türen, machen alles dicht und reisen los an den Strand. Neuerdings ist es wunderbar, herrlich. Diesmal fünf Tage lang. Am fünften Abend sind Sie vollkommen sicher, daß nun etwas Schreckliches geschehen sein müsse. Sie reisen heim. Sie öffnen den Tresor und – siehe da! – es ist wirklich etwas geschehen: das Juwel ist weg. Sie sind einem Zusammenbruch nahe, äußerst verzweifelt und völlig deprimiert. Schließlich gehen Sie zu den Nachbarn; doch die haben keine Ahnung, wie es geschehen konnte, sie waren ja die ganze Zeit »um die Wege«. Endlich setzen Sie sich hin, überlegen das Ganze und machen sich klar, daß Sie, nun da das Juwel sowieso verloren ist, ebenso gut an Ihr Strandplätzchen gehen und sich ausruhen können!

Dieses Juwel ist das Ich. Wenn es weg ist, sind alle Ängste um es, alle Verbarrikadierungen von Türen und Fenstern, von Herz und Geist nicht länger notwendig. Man kann einfach leben und sich freuen, solange man noch in diesem Körper ist. Nach genauer Prüfung verwandelt sich der erschreckende Ausblick, dies so wertvoll scheinende Ding zu verlieren, zu der einzig möglichen Befreiung und Erleichterung von jeder irgend vorhandenen Qual.

Es gibt drei Türen, die zur Befreiung führen: die merkmallose, die wunschlose und die leere. Wenn wir die Vergänglichkeit, *Anicca*, vollauf verstehen, handelt es sich um die merkmallose Befreiung. Durchblicken wir das Leiden, *Dukkha*, vollkommen, so ist das die wunschlose Befreiung. Erkennen wir Substanzlosigkeit (Nicht-Ich), *Anattā*, in vollkommener Weise, dann erleben wir die Nichtigkeits-Befreiung.

Dies bedeutet, daß wir durch jede dieser drei Türen gehen können und zum gleichen Ergebnis gelangen. Befreit zu sein bedeutet, nie wieder einen unglücklichen Augenblick erleben zu müssen. Es bedeutet jedoch auch noch etwas anderes, nämlich daß wir nie mehr *Kamma*[*] schaffen. Ein vollkommen Befreiter handelt noch, denkt, spricht und achtet noch auf alle Vorhaben und Zwecke wie jeder andere, aber er hat die Vorstellung verloren: „Ich denke, Ich spreche, Ich handle." *Kamma* findet nicht mehr statt, weil da nur noch der Gedanke ist, nur noch das Sprechen, nur noch das Handeln. Da ist die Erfahrung, aber kein Erfahrender. Und weil *Kamma* nicht mehr stattfindet, kommt auch keine Wiedergeburt mehr zustande. Das bedeutet vollkommene Erleuchtung.

Der Buddha hat drei Erleuchtungs-Stufen genannt, bevor die vierte Stufe, die vollkommene Erleuchtung, erreicht wird. Wer die erste Stufe, die auch für uns – zumindest theoretisch – von Belang ist, erreicht, wird *Sotāpanna* genannt, der in den Strom Eingetretene. Ein solcher hat wenigstens einen Augenblick lang das Schwinden von Gier, Haß und Verblendung, also die Ichlosigkeit, erlebt und ist dabei »in den Strom der Erlösung eingetreten«. Er kann vom Weg der Erwachung nicht mehr abweichen. Wenn sein Klarblick sehr stark ist, wird er nur noch ein Dasein brauchen, um die Erleuchtung zu erreichen, ist er schwach, höchstens sieben Leben.

---

[*] »Wirken«, »Tat« im Sinne des Wiedergeburt erzeugenden oder Charakter und Geschick der Wesen beeinflussenden heilsamen oder unheilsamen Willens... (Buddhistisches Wörterbuch von *Nyānatiloka*. Konstanz 1952.)

Das Erlebnis eines wenn auch kurzen ichlosen Zustandes läßt einige der bisher gehabten Schwierigkeiten schwinden. Das stärkste Hindernis ist der »Persönlichkeitsglaube«, also die Vorstellung, daß das, was wir Ich nennen, eine selbständige Wesenheit sei. Die falsche Ansicht eines unveränderlichen Selbst ist aufgehoben. Das bedeutet nun keineswegs, daß ein *Sotāpanna* sich der Nicht-Ichheit stets bewußt sei. Zwar ist die falsche Ansicht aufgehoben, doch muß die Anschauung immer wieder verstärkt und durch diese Verstärkung immer wieder neu erfahren werden.

Eine weitere wichtige Änderung ist der Verlust der Zweifelsucht. Sie ist schon deshalb aufgelöst, weil nun selbst erfahren wurde, daß das, was der Buddha lehrte, sich wirklich so verhält. Vorher tauchte der Zweifel immer wieder auf, denn der Gedanke ist ja stets naheliegend: „Mag sein, aber wie will ich es sicher wissen?" Letztlich kann man ja nur durch Erfahrung Gewißheit erlangen. Dann freilich ist jeder Zweifel geschwunden. Denn nun hat man ja das Beschriebene genau so erlebt, und dadurch entsteht in Kopf und Herz zugleich eine Fähigkeit des Verstehens, die es ermöglicht, alles Übrige allmählich ebenfalls zu begreifen.

Der *Sotāpanna* hat schließlich auch kein Interesse und schon gar keinen Glauben mehr an die Wirksamkeit von rituellen Gebräuchen. Er mag sie zwar im Sinne der Tradition oder Gewohnheit noch ausführen, doch erwartet er sich davon keinerlei Beitrag zur Befreiung, sollte er je daran geglaubt haben.

Als festes Fundament des Verständnisses der Lehre muß es uns tief innerlich klar sein, daß in den fünf *Khandha* keine selbständige Wesenheit zu finden ist. Da ist ein ständiges Fließen, eine Kontinuität, aber kein unveränderlicher Wesenskern. Diese Kontinuität, diese ununterbrochene Abfolge erschwert uns ja gerade die Erkenntnis, daß da wirklich nicht irgendeiner im Körper sitzt, der die Dinge in Gang hält. Denn die Dinge geschehen so oder so. Der Stromeintritt, also die erste Gelegenheit, einen Schimmer der Freiheit zu erleben, verursacht in uns manche Veränderung. Zwar werden dabei nicht gleich Gier und Haß ausgerodet – tatsächlich sind sie in diesem Zusammenhang nicht einmal erwähnt. Doch schon durch das größere Verständnis, das damit einhergeht, schwächen sich Gier und Haß ab; sie sind jedenfalls nie wieder so stark wie zuvor und zeigen sich kaum noch in grober Form.

Die nächsten Heilsstufen sind der Einmalwiederkehrer, der noch ein Leben in einer der Sinneswelten verbringt, der Niewiederkehrer, der von einer übersinnlichen Welt aus *Nibbāna* erreicht, und schließlich der *Arahat*, der vollkommen Erleuchtete. Sinnesgier und Haß werden beim Niewiederkehrer aufgehoben, während der noch verbleibende Rest von Ich-bin-Dünken nur beim *Arahat*, dem endgültig Geheilten, aufgelöst ist.

So müssen wir uns also mit der Tatsache abfinden, da wir keine *Arahats* sind, daß wir Gier und Haß haben. Nun geht es freilich nicht darum, uns deshalb

Vorwürfe zu machen; wir müssen vielmehr zu verstehen trachten, woher diese Unreinheiten kommen. Sie entspringen unserem Ich–bin–Wahn. Wir möchten dieses Juwel »Ich« schützen. Daraus entsteht Gier und Haß. Durch regelmäßige und tiefer greifende Meditation kann der Geist immer klarer und heller werden und schließlich den Klarblick gewinnen. Und mit diesem Klarblick kann die transzendente Wirklichkeit erfaßt werden. Selbst wenn dies auch nur für einen Augenblick geschieht, so ist diese Erfahrung doch von großer Wirkung und wird unser Leben grundlegend verändern.

* * *

Frieden auf Erden

Dieser Vortrag handelt vom Frieden. Was tun wir für den Frieden? Wir fordern, daß man Frieden stiftet, aber im Prinzip handelt es sich um etwas ganz anderes. Es handelt sich darum, Frieden zu sein und nicht darum, ihn zu stiften. »Frieden stiften« ist etwas, das man mit anderen »tun« muß und, ob der andere willig oder fähig oder überhaupt dafür ansprechbar ist, bleibt immer ein Problem. Wir wissen ja nicht, was in dem anderen vorgeht; wissen wir doch kaum, was in uns selber vorgeht.

Es gibt sicherlich keinen Menschen auf der Welt, der nicht gerne Frieden um sich herum hätte. Aber wir müssen uns darüber klar werden, daß der einzige Friede, den wir wirklich erleben können, in uns selbst liegt. Wenn alles um uns herum sehr harmonisch und friedlich abläuft, können wir uns freuen. Es gibt aber wohl niemanden, der sich nicht in Situationen verfangen wird, die ihm gar nicht gefallen, oder der plötzlich einer Anforderung gegenübersteht, gegen die er sich auflehnen will. Ich glaube, daß kein Mensch davon verschont bleibt. In all' diesen Fällen und Situationen ist dann der innere Friede natürlich verloren.

Die erste und üblichste Reaktion ist, daß jemand anders schuld daran sein muß, der etwas gemacht hat, was wir nicht wollen, oder eine Situation ohne unsere Zustimmung heraufbeschworen hat. Es ist also irgend etwas außerhalb von uns, das unseren Frieden stört. Dennoch können so viele Friedensverträge in der Welt gemacht werden, soviel Papier und Tinte verwendet werden, so viele Menschen ihren Namen darunter schreiben, wie nur irgend möglich, und nichts davon bedeutet etwas, solange wir nicht den inneren Frieden in uns selbst schaffen. Das bedeutet Arbeit, denn es kommt nicht von allein.

Es ist unmöglich, sich auf die Außenwelt zu verlassen. Wer soll denn für uns Frieden schaffen? Derjenige, der alles so macht, wie man es von ihm verlangt? Den gibt es doch wohl nirgends. Derjenige, der einen nie stört? Auch diesen gibt es nicht. Wenn es einmal einen oder zwei Tage oder eine Woche lang gut geht, so ändert sich doch alles, sowohl die anderen, wie auch wir selbst. Unsere Gedanken und Gefühle bleiben nicht die gleichen: Plötzlich fühlen wir uns nicht mehr so gut oder irgend jemand um uns herum wird ärgerlich – irgend etwas ist immer in Bewegung. Wir können aber ein Fundament in uns schaffen, auf dem wir in allen Situationen friedlich leben können. Das bedeutet an uns selbst zu arbeiten, und wenn wir dies tun, dann können wir sehr schnell Unterschiede feststellen. Wir brauchen nicht zu warten, bis wir perfekt sind, das können wir weder von uns selbst noch von anderen verlangen.

Was wir aber von uns verlangen können, ist etwas mit uns zu unternehmen, damit wir nicht so bleiben, wie wir sind. Wenn wir also irgendeine Unzufriedenheit in uns tragen, muß uns dabei klar werden, daß das gegen den Frieden in der Welt arbeitet. Un-zu-frieden bedeutet »Unfrieden«, zu-frieden bedeutet »Zum Frieden«. Wenn je einer von uns Frieden für die Welt schaffen möchte, dann muß er erst einmal Frieden in sich selbst schaffen, denn jeder einzelne von uns ist ein Teil dieser Welt, und wir alle zusammen sind die Welt. Jeder von uns hat Einfluß auf seine Umgebung, und je stärker unsere Kraft zum Guten oder Bösen ist, desto weiter reicht unser Einfluß. Den Einfluß des Guten in der Geschichte der Menschheit haben wir, durch Jesus und Buddha und andere erlebt, deren innere Stärke weite Kreise gezogen hat. Aber auch wir haben den Einfluß des Schlechten miterlebt. Vielleicht waren wir sogar persönlich während des letzten Weltkrieges davon betroffen, wo der Einfluß so weit reichte, daß der ganze Erdball davon in Mitleidenschaft gezogen wurde. Überall auf der Welt konnte man damals den Einfluß des Schlechten spüren. Solche Stärke haben wir als einzelne nicht. Aber jeder von uns hat etwas innere Kraft, und wenn wir diese zum Guten verwenden, so beeinflussen wir damit die Welt zum Guten. Wenn wir unsere Kräfte hingegen für das Schlechte verwenden, so geschieht natürlich genau das Gegenteil.

Die innere Kraft, die jeder von uns hat, kann nur dann Frieden um uns herum schaffen, wenn wir bereits Frieden in uns selbst geschaffen haben. Aber wir können keinem anderen etwas vermitteln, was wir nicht selbst schon nachvollzogen haben. Wie kann ich ein Haus bauen, wenn ich nicht weiß, wie man das macht? Zuerst muß ich mir die Fähigkeit dazu aneignen. Wie kann ich Frieden schaffen, wenn ich nicht weiß, wie er sich anfühlt? Je mehr Menschen Frieden in sich verspüren, desto friedlicher ist die Welt. Dann ist es möglich, in einer Art zu leben, wo wirklich innere und äußere Harmonie existiert.

Frieden ist ein Gefühl, welches auf unseren Emotionen basiert. Daher müssen wir lernen, auf unsere Gemütswallungen aufzupassen, sie zu erkennen, nicht einfach hinzunehmen und zu glauben, daß sie eine Berechtigung haben, wenn sie negativ sind. Wenn unsere Gefühle positiv sind, das heißt von Liebe und Mitgefühl, Mitfreude und Gleichmut erfüllt, dann lernen wir, sie zu schätzen und zu verstärken. Das allein bringt Frieden. Wenn unsere Gefühle negativ sind, was natürlich oft genug vorkommt, dann sollten wir gewillt sein, sie zu ändern. Die Formel heißt: Erkennen – nicht tadeln – ändern. Wenn wir uns selbst tadeln, dann erleben wir noch mehr Negativität und sind gleich doppelt mit Unzufriedenheit behaftet. Das hilft uns nicht.

Sich selbst erkennen ist die Hauptsache. Was kann Frieden je für mich bedeuten, wenn ich mich nicht selbst erkannt habe und weiß, daß Unfrieden von meiner eigenen Unzufriedenheit kommt? Womit sind wir denn unzufrieden? Im allgemeinen mit den Menschen um uns herum und den Situationen, in denen wir uns befinden, mit den Verpflichtungen, die uns auferlegt werden, weil wir erkennen, daß wir uns all' dies selbst geschaffen haben. Auch unser körperliches Wohlergehen spielt oft eine Rolle. Wenn wir etwas ändern können, ohne andere dabei in Mitleidenschaft zu ziehen, dann sollen wir das ruhig tun. Ansonsten gibt es nichts Wichtigeres als das Gefühl des Zufriedenseins in uns zu entwickeln. Dazu gehört vor allem, daß wir erkennen, daß wir unsere Gefühle nach Wunsch ändern können. Das ist nicht einfach, aber erlernbar. Ein Gefühl der Negativität auf Wunsch in ein positives Gefühl umzuändern, erfordert ständige Übung.

Der erste Schritt, den jeder erwachsene, reife Mensch, der zum Guten hin will, machen muß, ist Selbsterkenntnis. Selbst das ist nicht ganz einfach, denn wir sind an uns selbst gewöhnt und haben sehr oft die Idee: „So bin ich eben, oder so reagiere ich eben," und dabei bleibt es dann. Das genügt natürlich nicht. Dadurch entsteht keine Reife, sondern man bleibt ein Kind. Sind wir körperlich ausgereift, dann erwarten andere, daß sie kein Kind mehr vor sich haben. So ist der erste Schritt, daß wir uns vornehmen, Selbsterkenntnis zu praktizieren. Wir werden zwar nicht immer von Haß heimgesucht, aber wir haben viele negative Reaktionen, die z. B. sagen: „Das kann ich nicht leiden. Jenes ist mir zu schwierig. Wenn du nicht so handelst, wie ich es will, dann werde ich nichts weiter mit der Angelegenheit zu tun haben." Möglichkeiten gibt es für uns genug, uns gefühlsmäßig negativ zu verhalten, was sich dann auch in Worten äußern kann. Das braucht kein tiefer Haß oder Widerwillen zu sein, sondern einfach ein Gefühl des Unfriedens. Wenn wir das klar in uns erkennen, dann können wir analysieren: „Wieso empfinde ich so? Was ist der Grund, daß ich das nicht mag? Woran liegt es? Will ich mich selbst behaupten?

Will ich meine Wünsche durchdrücken? Handelt es sich um das »Ich«?" Im Prinzip kann es sich nie um etwas anderes handeln. Führt etwas zu Unfrieden, so ist das sicherlich der Moment zurückzutreten.

Um zum Frieden zu kommen, ist es nötig, unsere Gefühle immer wieder auf Liebe und Mitgefühl auszurichten, nichts anderes hilft uns mehr. Mag es uns auch leicht fallen, jemanden zu lieben, den wir für liebenswert halten, so ist das noch lange keine spirituelle Praxis. Das ist nichts anderes als Gefühlsreaktion. Praxis bedeutet, diejenigen zu lieben, die wir nicht für liebenswert halten. Alles Liebenswerte und Nicht-Liebenswerte ist ja nur auf persönlichen Urteilen und Vorurteilen aufgebaut, die jedoch auf einer Illusion beruhen, denn sie sind ja immer Ich-bezogen. Wir können diesen Urteilen nicht trauen. Nur dann ist etwas verläßlich, wenn es Liebe und Mitgefühl in unserem Herzen friedlich vereint.

Gelingt es uns ein- oder zweimal negative Reaktionen in positive umzuwandeln, dann bekommen wir Selbstvertrauen, welches unseren inneren Frieden festigt. Wir wissen, daß wir positiv reagieren können, auch wenn es uns noch schwer fällt. Diese Fähigkeit immer wieder zu üben bedeutet, daß allmählich eine Basis für Frieden in uns einzieht, die nicht mehr von äußeren Umständen abhängig ist. Nun brauchen wir nichts Äußerliches mehr, das uns friedlich stimmen soll, weil wir in der Lage sind, uns selbst friedlich zu stimmen. Dieses »Sich-selbst-friedlich-Stimmen« bringt nicht nur Selbstvertrauen und Zufriedenheit, sondern dadurch können wir das Verurteilen aufgeben. Es ist sowieso eine Zeitverschwendung. Nie können wir genau wissen, was in anderen vorgeht. Der einzige Frieden, den es gibt, ist der im eigenen Herzen, der sich natürlich auch um uns herum ausbreitet.

Frieden bedeutet auch Freiheit. Frieden ist auf Gefühlen aufgebaut, aber Freiheit ist darauf aufgebaut, daß wir unser Denken in Schach halten. Wir haben jetzt gerade in Deutschland erlebt, welche Art von Freiheit die Menschen wollen; sie wollen leben, ohne unterdrückt zu sein. Jeder will frei sein, aber was ist wirkliche Freiheit? Es ist nicht nur die Unterdrückung, der diese Menschen vielleicht ausgesetzt waren, die natürlich aufhören soll, sondern es ist noch etwas ganz anderes. Innere Freiheit bedeutet, daß wir von dem Zwang des Denkens frei sind. Dann bewegen sich auch unsere Gedanken nicht richtungslos hin und her, sondern wir werden in der Lage sein, sie dorthin zu richten, wo wir sie haben wollen. Auch das ist schwierig, auch das verlangt Übung und wird durch die Meditation sehr erleichtert.

Ohne Meditation ist es eine Herkules-Arbeit, die vielleicht manche Menschen, die von Natur aus viel Liebe und Mitgefühl in sich tragen, leisten können, aber die für die meisten Menschen so schwierig ist, daß sie immer wieder daran scheitern. Die Meditation korrigiert nicht unser Denken, aber sie zeigt uns, daß es eine Bewußtseinsebene gibt, auf der Verurteilen und jegliches negatives Fühlen und Denken gar nicht nötig sind. Haben wir das erkannt, fühlen wir uns nicht mehr so gezwungen, das Negative im täglichen Leben weiterzuführen. Ohne Meditation müssen wir uns viel mehr anstrengen.

Engagiert man sich nicht auf diese Weise, bleibt man innerlich ein kleines Kind. Dann gefällt uns nur das, was uns angenehme Gefühle bereitet, alles andere lehnen wir ab. So machen es Kinder, die dann schreien, wenn ihnen etwas nicht paßt. Bei Kindern mag das annehmbar sein, aber auch wir schreien, wenn uns etwas nicht gefällt. Wir schimpfen und protestieren und klagen an, manchmal sogar noch lauter als es Kinder tun. So zu handeln ist kein Reifeprozeß. Ein Mensch, der Frieden haben will, muß Frieden geben können.

Ein Mensch, der Freiheit will, muß Freiheit geben. Freiheit bedeutet, unsere Gedanken und Gefühle nicht so zu akzeptieren, wie sie sind, sondern immer wieder zum Guten zu wandeln. Diese schwierige Arbeit und dieses ständige Üben verlangt eine Geistesfähigkeit, die wir alle haben, aber nicht genügend ausüben, nämlich Achtsamkeit. Nicht auf andere schauen, sondern auf uns selbst aufpassen. Solange wir auf andere aufpassen und reagieren, sie verurteilen und beurteilen, sind unser Frieden und unsere Freiheit, unsere Liebe und unser Mitgefühl von anderen abhängig. Abhängig zu sein von anderen Menschen ist Sklaverei, denn wie können wir uns denn frei fühlen und benehmen, wenn andere Menschen für uns den Ton angeben? Der Aufbau von Freiheit bedeutet, daß wir in der Lage sind, unheilsame, negative Gedanken fallenzulassen und sie mit positiven zu ersetzen. Ein positiver Gedanke wird immer friedlich, aufbauend, erhebend und freundlich sein. Niederreißen ist sehr einfach, aber Aufbauen, in sich selbst und für andere, ist schwierig. Es ist viel einfacher, ein Haus niederzureißen, als ein Haus aufzubauen.

Diese innere Aufbauarbeit gibt uns dann eines Tages innere Freiheit. Sie hat dann nichts mehr mit äußerer Freiheit zu tun, denn im Prinzip ist keiner von uns äußerlich frei. Wir sind alle in diesem Körper gefangen, der älter und anfälliger wird und eines Tages gar nicht mehr da sein wird. Unsere geistige Freiheit können wir uns erarbeiten, aber körperliche Freiheit gibt es niemals. Der Körper muß gefüttert und zur Ruhe gelegt werden, er muß gewaschen und angezogen werden. Immerzu müssen wir irgend etwas für den Körper tun. Sollten wir glauben, daß das alles ist, woraus das menschliche Leben besteht, dann werden wir nie Frieden und Freiheit verspüren.

Aber wenn uns die geistige Freiheit wichtig ist, dann werden wir in der Lage sein, die vier großen Anstrengungen (wie der Buddha sie nannte) zu praktizieren. Sie sind groß, weil sie schwierig sind, aber auch weil sie sehr große Resultate bringen. Der Buddha hat sie so formuliert:

- Einen unheilsamen Gedanken, der noch nicht aufgekommen ist, nicht aufkommen lassen.

- Einen unheilsamen Gedanken, der schon aufgekommen ist, nicht weiterführen.
- Einen heilsamen Gedanken, der noch nicht aufgekommen ist, aufkommen lassen.
- Einen heilsamen Gedanken, der schon aufgekommen ist, weiterführen.

Das heißt also erstens, sich klar zu sein, was für ein Gedanke hochgekommen ist. Diese Klarheit bedeutet für uns immer Arbeit, Achtsamkeit, Analyse und Aufpassen. Nicht jeden Gedanken hinnehmen, wie es Kinder tun, sondern den Reifeprozeß einleiten.

Einen unheilsamen Gedanken, der noch nicht aufgekommen ist, zu erkennen, ist am Schwierigsten. Es ist hilfreich zu wissen, daß dem Gedanken ein Gefühl vorausgeht, das sich dumpf, vernebelt und etwas unangenehm anfühlt, bevor er sich dann zeigt. Wenn man sehr achtsam ist, kann man das erkennen. Wenn man noch nicht so lange geübt hat, erkennt man den Gedanken erst, wenn er sich schon breitgemacht hat. Je öfter man den unheilsamen, unzufriedenen Gedanken erlaubt, sich häuslich niederzulassen, desto mehr wird der Geist von Negativitäten in Anspruch genommen. Eines Tages kann er vielleicht gar nicht mehr anders, weil er derartig an die unzufriedenen und unheilsamen Gedanken gewöhnt ist. Sie haben bereits tiefe Furchen gezogen, so daß es schwierig ist, die Gedanken umzuwandeln. Je schneller man anfängt, negative Gedanken fallenzulassen, desto leichter macht man es seinem eigenen Geist, frei zu werden. Was in der Welt draußen vorgeht, kann nie alles von uns vollkommen akzeptiert und gutgeheißen werden, aber deswegen braucht kein Unfrieden in uns aufzukommen.

Die einzig wirkliche Freiheit, die es gibt, ist die Freiheit vom »Ich«. Das ist das Endresultat buddhistischer Praxis und Meditation. In diesem Heft ist ein Vortrag, der »Ferien vom Ich« heißt. Leider nur »Ferien«, denn wir kommen ja immer wieder nach Hause zum »Ich«. Aber das Endresultat kann vollkommene Freiheit sein, ewige Ferien. Dazu müssen wir die Schritte auf dem Weg dorthin praktizieren. Wir können nicht einfach sagen: „Mein »Ich« macht mir Schwierigkeiten, also lasse ich es los." Leider geht das nicht. Es wäre sehr schön, denn alle von uns, die schon die Lehre des Buddha gehört haben, wissen genug darüber, so daß sie gerne bereit wären, das »Ich« abzulegen.

Aber wir müssen erst die nötige Arbeit leisten und die ist es, worauf es ankommt. Es fängt mit dem Wissen an, daß wir mit Unzufriedenheit und unheilsamen Gedanken die Welt beschmutzen. Unsere Umwelt wird viel stärker durch unsere Gedanken als durch unseren Abfall verschmutzt. Wir verunreinigen mehr durch unser Denken und Fühlen als durch Chemikalien. Wenn wir eine reine, friedliche und harmonische Welt um uns haben möchten, müssen wir sie selbst schaffen. Jeder einzelne von uns ist verantwortlich für unsere Welt; nicht nur uns selbst gegenüber, sondern auch gegenüber allen Menschen, mit denen wir Kontakt haben. Wenn wir uns der Verantwortung bewußt sind, so werden wir merken, daß unsere Ichbezogenheit langsam kleiner wird. Je weniger Ich-fixiert wir sind, desto kleiner werden unsere Probleme, denn diese existieren ja nur, solange es ein »Ich« gibt. Wer soll sie denn haben, wenn keiner Anspruch auf sie erhebt? Allein dadurch erleben wir schon viel mehr Frieden und Freiheit.

In diesem Prozeß lernen wir auch erkennen, daß jegliche Unzufriedenheit nichts nutzt. Wir befinden uns nämlich in einer Situation, die wir uns selbst ausgesucht haben, und die Menschen, die um uns herum sind, haben wir uns ausgewählt. Was kann es uns helfen, unzufrieden zu sein? Wir können uns höchstens ärgern, daß wir so dumm waren, nicht richtig gewählt zu haben. Aber auch das ist sinnlos, denn sicherlich sind wir heute ganz anders und eventuell klüger, als wir vielleicht vor zehn Jahren waren. Dann müssen wir unsere Klugheit dazu verwenden, Zufriedenheit mit alledem zu erlangen, was uns betrifft.

Zufriedenheit führt nicht nur uns selbst zum Frieden, sie führt auch die Welt zum Frieden. Jeder einzelne von uns ist für seine Umwelt verantwortlich, was auch miteinschließt, daß wir geben und nicht nur nehmen.

Es ist sicherlich eine gute Idee, anderen Menschen Geschenke zu machen, aber es ist viel wichtiger, Liebe und Frieden zu geben. Da gibt es wohl keinen Wertvergleich. Alles andere können wir kaufen, aber das, was jeder braucht und geschenkt haben möchte, gibt es weder zu kaufen, noch ist es irgendwo zu finden. Nur wir selbst können es uns erarbeiten. Es ist die Herzenskraft, die nicht unterscheidet, sondern nicht anders kann, als Liebe und Frieden zu geben, ganz unabhängig davon, wer vor einem steht, oder ob überhaupt jemand da ist. Es gibt kein schöneres Geschenk, welches aber erst einmal in uns selbst erarbeitet werden muß.

Zum Frieden gehört die Zufriedenheit, zur Liebe gehört das Überwinden der unheilsamen Gefühle und Gedanken. Liebe ist nicht etwas, was verdient werden muß oder was wir einteilen können, Liebe ist eine Herzensqualität. Wir können uns darüber klar werden, daß wir alle zusammengehören, ein Teil derselben universellen Existenz sind, uns nur verschieden manifestieren. Zwar sehen wir etwas anders aus, sprechen und denken anders, haben verschiedenartige Probleme, die alle auf unseren Geisteszustand zurückzuführen sind, aber im Prinzip gehören wir alle zu der gleichen Schöpfung im All. Da gibt es die Natur um uns herum, die genauso der Vergänglichkeit untertan ist wie wir, die genauso wächst, gedeiht und wieder vergeht. Da ist das ganze Weltall, das ständig schrumpft und sich wieder ausbreitet, genau wie wir. Alles hat denselben Rhythmus, und wir gehören dazu.

Je mehr wir uns gegen den Rhythmus des Naturgesetzes stemmen, desto unglücklicher und schwieriger ist unser Leben. Wir sind zu Hause in dem Naturgesetz und können uns darin vollkommen wohlfühlen, aber nur dann, wenn wir uns nicht dagegen stemmen. Das Naturgesetz bedeutet auch, daß jede Existenz Schwierigkeiten hat, es ist nicht einfach, ein Mensch zu sein. Es ist schwierig, ein Vögelchen oder ein Baum zu sein. Alles versucht, sich zu behaupten, weil es ständig wachsen und sich irgendwie bewegen muß. Wenn wir das erkannt haben, werden wir keine unvernünftigen Erwartungen mehr haben und auch nicht sagen: „Ich will ein Leben haben, das ohne jedes Leid ist, wo alles so läuft, wie ich es will." Wir müssen die Vergänglichkeit als Naturgesetz erkennen; jeder Gedanke, jedes Gefühl, jeder Mensch, alle kommen, alle gehen. Immerzu ist Veränderung; alles fließt. Als ob wir schwimmen würden, sind wir immer dabei, mit den Wellen hin- und herzufließen. Es ist noch nicht lange her, da war Sommer, jetzt ist Winter. Vor kurzem erst war Nacht, jetzt ist Tag. Immerzu ändert es sich. Manchmal sehen wir die Sonne, dann wieder Mond und Sterne. Genauso sind wir. Wenn wir uns in die Gesamtheit der Existenz hineindenken und einfühlen können, können wir uns auch in die Gesamtheit des Menschseins hineinfühlen. Dies bedeutet dann, daß wir uns nicht separieren und absondern, nicht individuell behaupten, sondern zusammengehören. Erst dann wird es uns möglich sein, uns in diesem Fluß der Manifestationen des Existentiellen zu Hause zu fühlen.

Wir brauchen dann nicht mehr unsere eigenen kleinen Wünsche hegen, die oftmals nicht in Erfüllung gehen, was uns dann immer wieder als eine Tragödie erscheint. Da wir zum Ganzen gehören, fühlen wir uns auch nicht mehr bedroht oder gefährdet. Dann ist es viel einfacher, Liebe zu entwickeln, obwohl es immer eine Arbeit bleibt. Es ist uns leider nicht von Natur aus gegeben, jeden und alles zu lieben. Wir müssen es erst lernen. Um wirklich mit dem Naturgesetz fließen zu können, brauchen wir dazu die verstandes- und vernunftmäßige Basis, die uns die Gesamtheit, das Dazugehören erkennen läßt. Separieren und Abseits-Sein-Wollen ist immer mit Angst verbunden, nie mit Liebe. So wie wir unsere Häuser aus Furcht abschließen, so schließen wir damit auch unsere Herzen ab. So wie die Staaten Grenzen ziehen und Grenzwachen aufstellen, die sie allmählich fallenlassen, so müssen auch wir unsere Grenzen im Herzen fallen lassen.

Welche Worte wir benutzen, ist nicht so wichtig. Wir können sagen: „Gott ist in allem zu sehen". Was ist »Gott«? Gott ist der Geist, der in allem enthalten ist. Wir brauchen es nicht »Gott« zu nennen, wir können es als das All, die Urmatrix der Existenz beschreiben. Es existiert als unpersönliche Kraft in jeglicher Manifestation, nicht nur als das Gute, sondern als alles, was ist. Meister Eckhart hat gesagt: „Ich bin Gott"- und wurde als Häretiker angefeindet. Er hat nichts weiter erklären wollen, als daß es nichts anderes als diese Einheit gibt. Alles ist eine Einheit, nichts kann von ihr getrennt sein. Wir können auch andere Worte verwenden, wie »Totalität«, »Zusammengehörigkeit«, »Manifestation der Existenz«. Alles ist eins und in dem Einen sind wir ein winziger Teil.

Wenn wir etwas hassen oder nicht gern haben, so hassen wir uns selbst. Vielleicht kann uns diese Wahrheit dazu verhelfen, Liebe in uns zu entwickeln und furchtlos zu werden, die Angst vor denen, die anders als wir sind, zu verlieren. Wenn ich etwas ablehne oder mich isoliere, dann schade ich mir selbst, denn »Alles« bin ich. In diesem Sinne ist es vielleicht möglich, zu dem Frieden auf der Welt beizutragen, indem wir uns dazu öffnen, daß wir »alles« oder »nichts« sind, was immer wir leichter einsehen können. Es ist beides dasselbe. Wenn diese Erkenntnis in unser Bewußtsein eindringt, so ist es einfacher, mit Zufriedenheit den Frieden in der Welt zu unterstützen.

Genau wie die meisten Menschen heute schon erkannt haben, daß sie verantwortlich dafür sind, die Umwelt nicht mit ihrem Abfall zu verschmutzen, so ist jetzt die Zeit gekommen, die Umwelt nicht mit unseren negativen Gefühlen und Gedanken zu verunreinigen. Wenn wir einmal ein Gefühl für die Gesamtheit der Naturgesetze bekommen und erkennen, daß wir dazugehören, dann ist es vielleicht etwas leichter, diese Arbeit an uns vorzunehmen. Es ist unmöglich, daß sich ein Mensch läutern kann, nur indem er es sich wünscht. Aber um sich zu läutern, muß der Wunsch erst einmal im Geist fest verankert sein. Viele Menschen arbeiten unbewußt an ihrer Läuterung. Man fällt jedoch immer wieder in gewisse Schwierigkeiten zurück, weil das erkannte Erleben fehlt. Die Lehre Buddhas hilft uns sehr, eine klare Richtung zu erkennen.

Die Menschen, die von einer schönen Natur umgeben sind, können den Frieden in sich vielleicht leichter erarbeiten. Auch hoffe ich, daß alle, die dies hören und lesen, diese Arbeit freudig auf sich nehmen, so daß die Welt um uns herum mehr Frieden und Harmonie enthält.

✳ ✳ ✳

Liebende-Güte-Meditation

(Mitgefühl)

- Um anzufangen, bitte die Achtsamkeit auf den Atem lenken.
- Wir wollen Mitgefühl für uns selbst hochkommen lassen auf Grund aller Schwierigkeiten, die in unserem Leben existieren. Mitgefühl auf Grund des Verfalls und des Todes, denen wir ausgesetzt sind. Aus diesem Mitgefühl können wir ein Gefühl der Liebe entwickeln und uns mit dem Mitgefühl und der Liebe anfüllen und umhüllen.
- Jetzt denken wir an denjenigen, der in unserer Nähe ist. Wir wollen Mitgefühl für dessen Schwierigkeiten hochkommen lassen, was sie auch sein mögen, denn Mensch sein heißt Schwierigkeiten haben. Mitgefühl wegen dem bevorstehenden Verfall und Tod und daraus Liebe entwickeln. Diesen Menschen dann mit Mitgefühl und Liebe anfüllen und umhüllen.
- Und jetzt das Mitgefühl und die daraus resultierende Liebe auf alle, die in unserem Haus wohnen, ausbreiten. Das Herz weit öffnen und alle mit Liebe und Mitgefühl umarmen.
- Jetzt denken wir an all die Menschen, die in unserer Umgebung wohnen. Mitgefühl für sie hochkommen lassen, denn auch sie haben Schwierigkeiten und

sind Verfall und Tod ausgesetzt. Liebe daraus entwickeln und alle Menschen, die um uns herum wohnen, mit Mitgefühl und Liebe anfüllen und umhüllen.

- Jetzt das Herz weiter öffnen und Liebe und Mitgefühl zu den Menschen ausstrahlen, die weiter entfernt wohnen. Auch erkennen, daß alle Menschen Schwierigkeiten haben, Verfall und Tod ausgesetzt sind, und das Mitgefühl als Grundlage für die Liebe benutzen. Das Herz immer weiter öffnen, so daß Mitgefühl und Liebe immer weiter und weiter in die Ferne strahlen können und immer mehr und mehr Menschen berühren können. Erst die, die in der Nähe sind, und dann immer weiter, bis man das ganze Land und alle Einwohner damit berührt hat.

- Jetzt das gleiche Mitgefühl, die gleiche Liebe zu allen ausstrahlen, nicht nur zu Menschen, sondern auch zu Tieren und Lebewesen, die wir sehen oder nicht sehen, auf dem Land, in der Luft, im Wasser. Alle Lebewesen haben die gleichen Schwierigkeiten und das gleiche Schicksal. Mitgefühl und Liebe sind die Basis des Zusammenlebens.

- Und jetzt an die Menschen denken, die zu der eigenen Familie gehören. Auch über sie das Mitgefühl ausschütten, auch sie haben Schwierigkeiten, sind dem Verfall und Tod unterworfen. Und aus diesem Mitgefühl Liebe entstehen lassen, sie damit anfüllen und umhüllen.

- Und jetzt an alle guten Freunde und Bekannten denken, mit dem gleichen Gefühl des Mitgefühls und der Liebe. Diese überschütten, füllen und umhüllen.
- Wir wollen nun an irgendeinen Menschen denken, mit dem wir vielleicht nicht so gut auskommen. Mitgefühl für ihn hochkommen lassen, für seine Schwierigkeiten, seinen Verfall und Tod und daraus Liebe zu diesem schwierigen Menschen entwickeln, ihn damit füllen und umhüllen.
- Die Achtsamkeit jetzt wieder auf uns selbst lenken. Tiefes Mitgefühl als Grundlage der Selbsterkenntnis in sich hochkommen lassen. Mitfühlen mit allem, was wir im Leben schwierig finden, und Liebe und Anerkennung dafür empfinden, daß wir oft die Schwierigkeiten meistern können. Liebe entwickeln für diesen Menschen, den wir kennen und »Ich« nennen, der versucht, sein Menschsein zu transzendieren. Volles Mitgefühl und tiefe Liebe, sich damit füllen und umhüllen.
- Mögen alle Lebewesen Mitgefühl füreinander haben.

* * *

Die Welt so sehen, wie sie wirklich ist

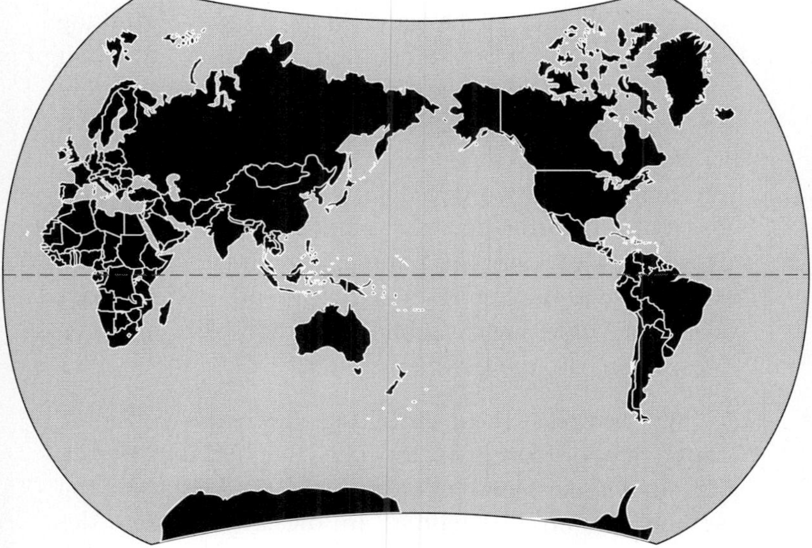

Weil wir die Welt nicht so sehen, wie sie wirklich ist, haben wir Probleme. Erst wenn wir dies erkannt haben, können wir dagegen angehen. Wollen wir einmal prüfen, wie wir mit uns selbst umgehen. Es ist wohl nicht übertrieben zu behaupten, daß jeder Mensch in sich Sehnsucht beherbergt. Das Wort »Sehnsucht« bedeutet sehnen und suchen. Wir sehnen uns nach etwas, was wir nicht haben, und so sind wir auf der Suche. Es ist der Grund, warum wir Vorträge hören, Bücher lesen und vielleicht anfangen zu meditieren. Wir müssen einmal erkennen, was uns antreibt, dann erforschen, was wir suchen und wonach wir uns sehnen.

Sicherlich sehnen wir uns nach Erfüllung, obwohl uns am Anfang nicht ganz klar ist, was Erfüllung bedeutet. Das Wort selbst sagt uns aber, was wir erstreben. Wir möchten »vollgefüllt« sein, keine Leere in uns verspüren. Wenn wir jung sind, suchen wir vielleicht nach erregenden Dingen und Sensationen, die uns geboten werden. Die Welt ist ja voll mit interessanten Ereignissen, wir brauchen nur in fremde Länder zu reisen, was heute ganz einfach ist. Auch können wir Bücher lesen oder irgend etwas Neues erlernen. Oder wir suchen vielleicht die richtigen Menschen, die uns erfüllen sollen.

Wir erwarten diese Erfüllung durch unsere Sinne, durch Sehen, Hören, Schmecken, Riechen und Berühren. So wie der Mensch beschaffen ist, ist er ständig mit seinen Sinnen beschäftigt. In diesem Moment des

Lesens befassen wir uns mit Sehen und auch dem Empfinden der Berührung, da wir auf dem Stuhl sitzen und hart oder weich registrieren können. Das interessiert uns aber im Moment nicht so sehr, wie der Inhalt dessen, was wir sehen und geistig verarbeiten. Da wir ohne unsere Sinne kaum überleben können, glauben wir lange Zeit, daß wir durch sie Erfüllung bekommen würden. Wir haben Sehnsucht und suchen alles durch unsere Sinne und unseren Intellekt zu erfassen.

Immer mehr wollen wir wissen und verstehen, wollen in die Tiefe gehen und Philosophie und Psychologie begreifen, denn wir erwarten Befriedigung durch unseren Intellekt. Dieser aber schlägt uns immer Schnippchen, denn er ist derjenige, der beurteilt und dadurch fast ständig auch verurteilt. Außerdem ist er überbeschäftigt, immer dabei, sich irgendwie zu äußern, entweder mit: „Ich weiß das viel besser." Oder mit: „Ich hab' das alles schon gehört". Natürlich kommt davon keine Erfüllung. Das kann uns niemals befriedigen, sondern höchstens noch mehr erregen. So müssen wir wieder etwas Neues unternehmen, denn weder die Sinne, noch der Intellekt bringen den tiefen, inneren Frieden, den wir uns wünschen.

Auf der Suche nach Erfüllung glauben wir, daß uns Anerkennung helfen kann. Wir möchten recht haben und bestätigt werden. Auch etwas Ruhm oder eventuelle materielle Vorteile hätten wir gerne. Auf diese Art und Weise müssen wir uns immer wieder neu behaupten und versuchen, alles richtig zu machen. Wir fühlen uns jedoch niemals vollkommen erfüllt, denn ein anderer macht es ja vielleicht noch besser und wird noch mehr bestätigt; wird vielleicht reicher, berühmter, schöner, angesehener.

Es ist kein Ende abzusehen bei dem, was wir durch die Sinne und den Intellekt noch in uns aufnehmen könnten. Die ganze Welt könnten wir bereisen und tun es vielleicht sogar, und dennoch finden wir nichts, was unsere Sehnsucht stillt; immer fehlt etwas. Wir haben es sicher alle schon gemerkt, daß es keine endgültige Befriedigung durch materielle Dinge gibt. Wir wissen es, aber was tun wir mit diesem Wissen? Wenn wir es nicht in die Tat umsetzen können, nützt uns das höchste Wissen nichts. Die Sehnsucht bleibt bestehen.

Diese innere Sehnsucht unterscheidet den Menschen von allen anderen Kreaturen, denn sie kann uns dorthin führen, wo wir das Kreaturhafte hinter uns lassen. Der Weg ist nicht so einfach zu finden, denn es gibt sehr wenige Wegweiser, und so fehlt den meisten Menschen die tiefe Erfüllung. Dennoch kommt vielleicht im Leben ein Moment des Erkennens, wo uns klar wird, daß unsere momentanen Sinnesbefriedigungen oder intellektuellen Ergebnisse nicht die innere Sehnsucht stillen können. In diesem blitzartigen Erkennen liegt auch die Gewißheit, daß der Weg zum Glück und zum inneren Frieden ganz anders aussieht, als wir bisher glaubten.

Bis zu diesem Moment sind wir ständig damit beschäftigt gewesen, entweder durch die Sinne oder durch den Geist, etwas zu bekommen. Wir wollen uns mit äußerlichen Dingen anfüllen und so unsere Sehnsucht beschwichtigen. Jetzt aber ist der Moment gekommen, wo der intelligente Geist erkennt, daß Glück und Frieden überhaupt nicht vom »Bekommen« abhängig sind. Es handelt sich genau um das Gegenteil, nämlich um Geben und Hingabe. Das ist der Moment des Umbruchs, in dem das spirituelle Leben anfängt. Dann, wenn wir aufhören unsere Glückssuche durch äußerliche Dinge befriedigen zu wollen und statt dessen akzeptieren, daß wir als Menschen dieses höchste Gut ja schon in uns tragen.

Meister Eckhart hat es »das Fünkelein« genannt. Der Buddha nannte es »den Samen der Erleuchtung«. Wenn uns dies klar wird, dann wissen wir, daß nichts wichtiger ist als zu geben und sich hinzugeben. Auf dem Weg des Gebens fangen wir erst einmal mit kleinen Schritten an. Wir können uns sicherlich nicht sofort hingeben, da unsere Selbstbestätigung tief verwurzelt ist, aber wir können einen Anfang machen. Wir können erkennen, daß es unmöglich ist, der Beherrscher von allem zu werden, sondern daß es nur möglich ist, Diener zu sein. Indem wir uns selbst entleeren, erhalten wir dadurch die Fülle der Erfüllung. Sich selbst entleeren bedeutet, daß wir unsere Wünsche des Haben-Wollens loslassen und mit dem Wunsch des Geben-Wollens ersetzen. Dies kann erst einmal damit anfangen, anderen Menschen zur Seite zu stehen, indem wir ihnen unsere Zeit widmen, Trost spenden, Zuversicht geben und hilfreich sind. Jetzt ist es uns klar, daß es einen Weg zur Erfüllung gibt, der aber dem genau entgegengesetzt ist, wie die Welt ihn sieht. Da gibt es eine Geschichte aus der Zeit des Buddha, die das veranschaulicht:

Der Buddha hatte vor seiner Erleuchtung sechs Jahre im Wald meditiert. Er hatte jedoch erkannt, daß selbst die höchste Meditationsstufe ohne tiefe Einsicht nicht zum Erlöschen des Leids führt. Da aber kein Lehrer dafür zu finden war, setzte er sich unter den Bodhi-Baum im heutigen Bodh-Gayā in Nordindien, um dort selbständig die Erleuchtung zu verwirklichen. In der Gegend war dieser Baum dafür bekannt, daß ein Baumgeist dort wohne, der den Frauen helfen konnte, ein Kind zu bekommen. Eine Frau aus der Umgebung namens Sujāta hatte zu dem Baumgeist deswegen gebetet, und eine große Opfergabe, im Falle eines Babys, versprochen. Siehe da, sie bekam wirklich ein Kind, hatte aber noch nicht die Gelegenheit gehabt, ihr Versprechen einzulösen. Eines Tages ging ihre Magd an dem Baum vorbei und sah den *Bodhisatta*, den sie für den Baumgeist hielt, unter dem Baum sitzen. Schnell sagte sie zu dem vermeintlichen Baumgeist: „Bitte geht nicht fort. Meine Herrin wird sofort die Gabe, die sie versprochen hat, herrichten." Der *Bodhisatta* hatte ja sowieso nicht die Absicht, dort wegzugehen und blieb also ruhig sitzen. Die Magd lief eiligst nach Hause und erzählte dieses Ereignis ihrer Herrin, die sich sofort daran machte, die Gabe herzurichten. Sie war scheinbar die Besitzerin einer Molkerei, denn es heißt, daß sie hundert Kühe melkte und die Milch fünfzig Kühen zu trinken gab; danach melkte sie fünfzig Kühe und gab die Milch zwanzig Kühen; dann melkte sie wiederum zwanzig Kühe und gab die Milch einer Kuh zu trinken. Das Ergebnis davon war reine Sahne. Sie kochte Reis in dieser Sahne, richtete den Milchreis in einer goldenen Schüssel an und offerierte die Speise dem vermeintlichen Baumgeist und bat ihn, auch die goldene Schale zu behalten. Der *Bodhisatta* aß den Reis, akzeptierte die goldene Schüssel und sagte, er wolle die Schale hinter sich in den Fluß werfen. Wenn sie flußabwärts schwimme, dann würde er nicht erleuchtet werden, aber wenn sie flußaufwärts schwimme, dann würde er erleuchtet. Wir können annehmen, daß die Schale flußaufwärts geschwommen ist, denn wir wissen ja, daß der Buddha die Erleuchtung unter dem Bodhi-Baum erreichte.

Die Symbolik dieser Geschichte hat für uns alle einen wirklich wichtigen Wert. Flußabwärts mit dem Strom zu schwimmen, ist der Weg der Welt. Es ist natürlich viel einfacher, sich von der Strömung treiben zu lassen. Man kommt dann nicht in Konflikt mit anderen, die behaupten, daß man in die falsche Richtung gehe, und man ist auch nicht so einsam, denn die meisten Menschen wählen ja diesen scheinbar leichteren Weg. Hier kann man sich mehr gehenlassen, denn die Strömung nimmt einen ja mit. Nicht nur die Strömung der Welt, sondern vor allem die Strömung der eigenen Instinkte und Impulse, die unsere Sinnesbefriedigung zum Ziel haben. Aber wo führt uns das hin? Es treibt uns den Fluß herunter zu dessen Delta, wo der Strom versickert und versumpft und in den Ozean mündet.

Wenn wir nun aber versuchen, stromaufwärts zu schwimmen, so ist es natürlich viel schwieriger, gegen die Strömung anzukämpfen. Man wird einsamer sein, denn viel weniger Menschen sind gewillt, sich derart zu bemühen. Da wir hier eine ganz andere Richtung eingeschlagen haben, werden wir oftmals zu hören bekommen, daß wir uns irren und einen falschen Weg gewählt haben. Aber wenn wir bis zum Ende des Stromes gekommen sind, erreichen wir seinen Ursprung, die Quelle des Seins, die vollkommen rein und lauter ist.

Der Weg zum Ursprung unseres Seins lenkt uns genau in die entgegengesetzte Richtung, die die Allgemeinheit einschlägt. In der Welt wird befürwortet, daß sich jeder einzelne behaupten und beschützen muß und etwas darstellen soll. Anfänglich machen wir natürlich alle dabei mit; wir wissen ja nichts Besseres. Wenn wir aber einmal erkannt haben, daß das Behaupten, Werden und Sich-beschützen-Müssen immer wieder Ängste und Unruhe bringt und uns nie erfüllt, dann ist es möglich, daß wir diesen schwierigen Weg gegen die Strömung der eigenen Instinkte und Impulse auf uns nehmen. Letztere sind viel schwieriger zu überwinden als die Meinungen und Wertschätzungen der Welt.

Wir machen einen Anfang, indem wir das Geben und Sich–Hingeben erlernen. Die Fülle des Seins und damit die Erfüllung schenkt uns Geborgenheit, sobald wir uns ohne jegliche Absonderung mit allem und in allem wiederfinden. Was können wir geben? Zeit, Geduld, materielle Gaben, unsere Fähigkeiten, Zuversicht, Frohsinn, Tröstung, Energie und alles das, was wir besitzen, können wir verteilen. Fangen wir damit an, dann kommen wir zu einem Punkt, wo sich Liebe in unserem Herzen entwickelt, denn wir können nur fortfahren zu geben, wenn wir auch lieben. Ohne Liebe ist es unmöglich, das Geben immer weiter zu vervollständigen. Wir können anfänglich diesen Weg durch unseren Verstand einschlagen, aber er kann nur weitergeführt werden, wenn unser Herz sich auch dazu öffnet. Wozu kann sich unser Herz öffnen? Zu nichts anderem als zu unserer latenten Liebesfähigkeit, die nicht auf den einzelnen, den wir für liebenswert halten, gerichtet ist. So liebenswert kann niemand sein, daß man ein ständiges Liebesgefühl aufgrund dieses Menschen empfindet. Wir haben bestimmt alle schon erlebt, welchen Schwankungen solch eine Liebe unterworfen ist. Aber es ist möglich, daß diese als unterschwellige Gefühlsgrundlage bleibt, wenn wir aufhören, uns zu separieren und abzusondern und uns nicht mehr als getrennte Einheit empfinden.

Wir können durch die meditative Erfahrung – und ohne Meditation wird es wohl kaum möglich sein – ein Gefühl dafür bekommen, daß alles eine Einheit darstellt, ganz gleich wie es aussieht. Ob es uns nun als

Mann, Frau, Kind oder Tier, Baum, Himmel, Sterne, Sonne oder Mond erscheint, trotzdem bleibt alles eine Schöpfung. So auch wir selbst. Wenn wir dies empfinden und nicht nur intellektuell verstehen, dann erleben wir das Gefühl der Zugehörigkeit zu dieser Schöpfung. Wir sind ein Teil davon, nichts ist gegen uns gerichtet und will uns Schaden zufügen. Im Gegenteil, die Schöpfung besteht durch unsere eigene Existenz.

Wenn wir dem Ganzen unser Herz öffnen, dann können wir in diesem All, das uns umgibt, ständig unsere Liebe erneuern. Dies ist nicht ein persönliches Gefühl mit unterschiedlichen Zuneigungen und Ablehnungen. Letzteres ist auf unserem Mißverständnis von Liebe aufgebaut und deswegen haben wir auch Schwierigkeiten mit unserer Herzenswärme. Wir suchen das Liebenswerte und wollen, daß es besser und schöner sei als alles andere. Das kann ein Mensch oder ein Ideal sein oder auch ein spiritueller Pfad oder irgend etwas, was wir uns ausgesucht haben, so daß wir sagen können: „Das ist es! Es ist besser und richtiger. Das liebe ich also." Aber mit dieser Haltung engen wir uns ein und können somit das Herz nicht ständig ausfüllen. Das ist nur möglich, wenn unser Herz sich zu allem öffnen kann.

Wir können in die Natur hinausgehen und uns an ihr erfreuen, wenn wir sie sehen oder mit den Händen und Füßen berühren. Aber wir können sie erst richtig erleben, wenn wir sie innerlich als das gleiche empfinden, was wir selbst sind. Genauso geht es uns mit den

Menschen. Selbst wenn wir jemanden lieben, uns mit diesem Menschen gut verstehen, uns an dem Anblick oder der Berührung erfreuen, genügt das nicht. Das ist zeitlich und gefühlsmäßig zu begrenzt, da jeder Sinneskontakt vorbeigeht. Erfüllung können wir nur erleben, wenn wir uns mit allen anderen, die uns umgeben, verbunden fühlen, d.h. keinerlei Differenzierung mehr zwischen uns selbst und der Umwelt empfinden.

Eigentlich wissen wir das, denn unsere Wissen schaftler, denen wir ja gerne zuhören, erzählen uns nun schon seit Jahrzehnten, daß es im ganzen Universum keine soliden Bauklötze gibt; alles, was existiert, sind Energieteilchen, die in rasendem Tempo zusammenprallen, neue Teilchen bilden, um dann wieder auseinanderzufallen. Jeder von uns ist also quasi eine optische Täuschung. Und dann ärgern wir uns noch über optische Täuschungen! Halten wir uns das einmal vor Augen, dann wird es uns vielleicht klar, wie wir wirklich gegen den Strom schwimmen können. Selbstverständlich müssen wir in der Welt so handeln, als ob wir irgendeine Person darstellten. Aber, wenn wir uns immer wieder an solche universellen Wahrheiten erinnern, wird sich unser Selbst- und Weltbild ändern. Sich immer wieder an solche einschneidenden Erkenntnisse zu erinnern, bedeutet ein spirituelles Leben zu führen. Soweit wir diese universellen Wahrheiten schon verstanden oder erlebt haben, können wir uns immer wieder vor Augen führen, daß es nur eine einzige Schöpfung gibt.

In der Vielfalt der Schöpfung existiert natürlich das Gute und das Schlechte; aber wir sind nicht zum Richten darüber aufgerufen, sondern zum Dienen und Lieben. Nur auf diese Weise können wir Erfüllung finden. Solange wir uns als Richter über uns und andere fühlen (fast jeder fühlt sich dazu berufen), solange gibt es kein inneres Glück. Höchstens kann es einmal momentan hochkommen und dann wieder entschwinden. Aber in dem Moment, indem wir uns in der Einheit des Lebens eingebettet fühlen, haben wir die Grundlage für inneren Frieden geschaffen. Wenn wir uns immer wieder daran erinnern, daß nichts anderes existiert als diese Einheit und uns immer wieder dazu aufrufen (kein anderer kann es für uns tun), diese Einsicht in uns zu verwirklichen, dann werden wir allmählich ein Gefühl der Erfülltheit in uns verspüren. Dieses Erfülltsein des Herzens bedeutet reine Liebe.

In dem Moment, wo das Herz nicht nur beurteilt, sondern verurteilt, Ärger, Haß, Ablehnung, Angst, Furcht, Eifersucht, Stolz oder Machtansprüche signalisiert, sind wir schon wieder in der Strömung des Flusses gefangen, die uns in den Sumpf des Flußdeltas führt. Solange wir uns erinnern, daß wir nichts weiter als ein Teil der Schöpfung sind, sind wir auf dem Weg zur Quelle. Stromaufwärts, in der Nähe der Quelle, wird das Wasser immer klarer, und es herrscht hier viel mehr Ruhe. Diese Klarheit hilft uns, uns selbst deutlicher zu sehen.

Der Mensch, der sich ein spirituelles Leben wünscht, braucht die innere Sehnsucht als Antrieb, denn er muß wissen, daß er Erfüllung sucht. Das Vollkommene ist gut und einfach, es versucht nichts zu besitzen, sondern alles zu geben. Das ist das Hohelied der Menschheit. Wir haben die Fähigkeit, uns der Schöpfung, der gesamten Existenz, hinzugeben, unsere menschlichen Probleme zu transzendieren und ein Mensch voll innerer Reinheit zu werden. Dieses Hohelied der Menschheit hat in jedem Jahrhundert existiert. Die Mystiker aller Religionen haben es immer wieder gesungen und den Weg dorthin gezeigt, aber jeder einzelne von uns kann den Weg nur selbst beschreiten. Allein den Zugang zu finden, ist nicht einfach. Es bedeutet das Loslassen von dem tief eingeprägten Gefühl der eigenen Wichtigkeit, was uns dann in das All-Sein hineinführt. Das ist der Weg, den uns die Mystiker aller Zeiten gezeigt haben und immer haben es einige Menschen nachvollziehen können. Diese Fähigkeit zeigt den Menschen in seiner imposantesten Struktur.

Die Sehnsucht, die wir im Herzen tragen, führt uns genau dorthin. Wir sehnen uns ja danach, das niedere Menschtum hinter uns lassen zu können. Unterschwellig wissen wir, daß wir genau das suchen, aber oft geben wir es nicht zu. Es fällt uns schwer, so ehrlich gegenüber uns selbst zu sein, und der Alltag lenkt uns immer wieder davon ab. Aber was ist denn schon zu erledigen? Das Wichtigste ist wohl für jeden das Überleben. Das schafft aber sowieso keiner von uns. Dafür allzuviel Energie aufzuwenden, ist verschwendete, kostbare Zeit. Der Buddha hat ein Gleichnis über das Menschsein hinterlassen, das vielleicht von Interesse ist: Er ging einmal mit seinen Mönchen am Strand des Meeres spazieren und sagte zu ihnen: „Stellt Euch vor, daß in den Weltmeeren eine blinde Schildkröte schwimmt und außerdem auch ein hölzernes Joch. Diese blinde Schildkröte kommt alle hundert Jahre einmal hoch, um nach Luft zu schnappen. Glaubt Ihr, daß es möglich ist, daß sie dann ihren Kopf durch das hölzerne Joch stecken könnte?" Die Mönche erwiderten: „Nein, das ist absolut unmöglich, daß beide sich an derselben Stelle und zur gleichen Zeit in den Weltmeeren befinden." Der Buddha antwortete darauf: „Es ist unwahrscheinlich, aber nicht unmöglich. Dieselbe Unwahrscheinlichkeit gilt auch für die Geburt eines menschlichen Wesens, vor allem für einen Menschen mit allen Gliedern und Sinnen intakt, dem außerdem noch die Möglichkeit gegeben ist, die wahre Lehre zu hören." Wenn wir daraus entnehmen, was wir für eine wunderbare Gelegenheit in diesem Leben haben, dann könnte uns dies eventuell dazu verhelfen, das Materielle und das Weltliche, was uns natürlich zeitweilig beschäftigen muß, nicht mehr als so wichtig und als das einzige anzusehen, sondern es könnte uns dazu anspornen, unseren Weg zur Erfüllung des Herzens zu finden. Der Weg dorthin ist nicht einfach, aber wenn wir diese Gelegenheit des Menschseins ausnützen wollen, um das höchste Ideal eines Menschen zu erreichen, dann wird diese Feststellung des Buddha uns vielleicht ein Ansporn sein.

Die innere Läuterung ist der Pfad zum Ursprung der Quelle, dem Ursprung des Seins. Des Buddhas Lehre wird auch manchmal »der Weg der Läuterung« genannt. Wir lernen, davon Abstand zu nehmen, das »Ich«, das immer werden, bekommen und haben will, als Mittelpunkt allen Geschehens anzusehen. Wir beginnen, das »Ich« als etwas Veränderliches zu betrachten, das geläutert werden kann. Statt etwas zu bekommen, kann es geben und sich hingeben, so daß es sich eines Tages in die Ganzheit einfügt, ohne Mittelpunkt sein zu wollen.

Dieses menschliche Leben ist aber auch sehr begrenzt; sechzig, siebzig, achtzig Jahre, vielleicht etwas länger und dann ist es vorbei. Wie können wir diese kurze Zeit am besten verwenden? Was können wir mit uns tun? Wie weit können wir von den voreingenommenen Meinungen und Ansichten loslassen, vom Weg der Welt, und uns dem Fluß des Seins hingeben? Wenn wir nur einen Moment probieren, von etwas loszulassen, was wir unbedingt wollen und dann erkennen, daß es nicht sein muß, daß es auch ohne dies geht, dann bekommen wir einen Vorgeschmack davon, was Loslassen für uns bedeuten kann.

Das ganze spirituelle Leben bedeutet im Grunde genommen nichts anderes als Loslassen. Es handelt sich nicht darum, etwas zu bekommen. Das erste und Wichtigste wäre einmal, damit anzufangen, unsere vorgefaßten Meinungen und Ansichten, die wir so gerne verfechten, loszulassen. Statt dessen könnten wir mehr auf unsere innere Stimme horchen, die allmählich lauter und deutlicher werden wird, und die ein jeder in sich hat. Wir haben Schwierigkeiten, sie zu hören, weil unser ständiges Denken so viel inneren Lärm verursacht, daß wir davon betäubt werden. Von morgens bis abends denken wir, von abends bis morgens träumen wir. Wer kann bei so viel Aktivität noch nach innen horchen?

Durch die Meditation ist es möglich, einmal mit dem Denken aufzuhören und mit dem Erleben anzufangen. Sobald das geschieht, sind Vergangenheit und Zukunft momentan ausgelöscht, und wir erleben effektiv den jetzigen Moment. Das Interessante, das uns dann klar wird, ist, daß es gar keinen anderen Moment gibt. Die Vergangenheit ist längst vorbei, und die Zukunft ist nichts als eine Hoffnung. Sie gibt es in Wirklichkeit nicht. Wenn nämlich die Zukunft einmal existiert, dann heißt sie Gegenwart. Erst wenn wir aufhören zu denken, können wir jeden einzelnen Moment und dadurch die Fülle des Seins erleben. Wenn wir wirklich präsent sind, dann sind Zukunft oder Vergangenheit in unserem Leben gleichgültig, denn es gibt nur einen erlebbaren Moment.

Meditativ ist es möglich, mit dem Denken aufzuhören. Auch in einer außergewöhnlichen Situation kann es uns passieren, daß das Denken einen Moment aufhört; zum Beispiel, wenn wir am Meer stehen und die unendliche Weite des Meeres erleben, die mit dem Himmel verschmilzt. Das kann uns derart faszinieren, daß wir uns einen Moment nur dem Gefühl hingeben.

Aber sicherlich fängt der Geist bald wieder an, sich zu äußern und Erklärungen abzugeben. Solche Momente dauern jedoch in der Meditation länger an und sind uns jederzeit zugänglich. Das bedeutet natürlich nicht, daß das Denken dadurch nicht zu seinem Recht kommt, sondern daß wir die Innenwelt, die wir alle in uns tragen, einmal zu Worte kommen lassen.

Obwohl wir vielleicht alle meinen, daß wir unser Leben erdenken können, so ist das eine Fehlspekulation. Durch die Meditation fühlen wir unser Leben in seiner innersten Essenz. Was wir uns darüber zusätzlich ausdenken, sind unsere Ansichten und Meinungen. Diese Möglichkeit, unser Innenleben einmal zur Sprache kommen zu lassen, existiert nur, wenn wir unsere Denkarbeit einmal unterbrechen. Es hört sich vielleicht einfacher an, als es ist. Jeder, der es versucht, wird aber mit einigen Schwierigkeiten konfrontiert werden, die auf seine Gewohnheiten und Ichbezogenheit zurückzuführen sind. Dennoch ist es der einzige Weg, um zu tieferem Erkennen zu kommen. Wenn die innere Sehnsucht stark genug wird, und wir wissen, daß die Welt sie uns nicht erfüllen kann, kommt der Moment, wo uns klar wird, daß wir uns selbst ändern müssen.

Dann nehmen wir uns vielleicht vor, nicht mehr etwas bekommen zu wollen, sondern uns hinzugeben. Hier erleben wir dann den Umbruch in unserer Lebenseinstellung. Wenn wir uns nicht wenigstens zeitweilig hingeben können, ist es unmöglich mit dem Denken aufzuhören, denn das Denken bestätigt unsere Ich–

Illusion. Solange wir denken, haben wir diese Bestätigung, daß wir jemand sind. Aber in dem Moment, wo wir gewillt sind, uns hinzugeben, wird Meditation möglich. Dadurch haben wir uns den Weg zur Herzensöffnung gebahnt, wo uns das Erleben des Eins–Seins leichter fällt und somit unser ganzes Leben eine neue Richtung erfährt. Die innere Schwere ist aufgehoben, und das liebende Herz wird unser Mittelpunkt.

Wir können dann unsere Zusammengehörigkeit tief in uns spüren. Wenn wir gewillt sind, uns hinzugeben, ist es möglich, die Erfüllung in uns selbst zu finden. Diesen Weg sind die Mystiker aller Zeiten gegangen. Noch nie hat es einen spirituellen Meister gegeben, der nicht ähnliches gesagt hat: „Gebt Eure Ichbezogenheit auf. Nur wer sein Leben hingibt, kann das »Ewige Leben« gewinnen.“ Leider ist es dennoch schwer zu verwirklichen. Hingabe ist nicht einfach. Wieso ist das so? Wir sind mißtrauisch, und wir haben Zweifel. Es könnte etwas Falsches sein, dem wir uns anvertrauen. Sich der Schöpfung, dem All, ohne Rückhalt auszuliefern und in dem Strom des Seins zu fließen, kann uns jedoch nur zum Glück führen. Wir sind intelligente Menschen, und dies zu verstehen, ist nicht so schwierig, aber es nachzuvollziehen benötigt viel Willens- und Entschlußkraft. Aber die Schwierigkeit ist eine Herausforderung und ihr einmal Rechnung zu tragen, ermöglicht uns, ein ganz anderes Innenleben kennenzulernen. Woran die Welt festhält, kann uns dann nicht mehr berühren, denn wir fühlen eine Befreiung des Herzens und des Geistes. Der Weg des Buddha ist der

Weg der Erlösung. Jeder spirituelle Weg muß ein Weg der Befreiung sein, des Loslösens von der Schwere und den Schwierigkeiten, die die Menschen, solange sie an ihrem eigenen »Ich« unwiderruflich festhalten, plagen.

Veröffentlichungen des Jhana-Verlags:

Der Jhana-Verlag entstand aus der Arbeit des Buddha-Hauses, einem buddhistischen Meditations- und Studienzentrum der Theravāda-Tradition

-**Dhammapada**, des Buddhas Weg zur Weisheit, mit Kommentar; aus dem Pāli übersetzt vom Ehrw. Nyānatiloka Mahāthera.
Leinen gebunden, 372 Seiten ISBN 3-928396-01-3

-**Wieso Meditation?**
von Ayya Khema
Broschiert, 24 Seiten ISBN 3-928396-05-6

-**Um was geht's denn eigentlich?**
von Ayya Khema
Broschiert, 24 Seiten ISBN 3-928396-04-8

-**Weihnachten, das Fest des Lichts**
Vier Vorträge zur Weihnachtszeit von Ayya Khema
Broschiert, 84 Seiten ISBN 3-928396-08-0

-**Kleine Schritte auf dem Weg des Buddha**
12 Vorträge zur buddhistischen Praxis von Ayya Khema
Englisch Broschur, 128 Seiten ISBN 3-928396-03-X

-**Erkennen, nicht tadeln, ändern**
Eine Festschrift zum 70. Geburtstag der Ehrw. Ayya Khema
Paperback, 192 Seiten ISBN 3-928396-07-2

-**Meditationen des Herzens**
Liebende-Güte-Meditationen und ein Vortrag von Ayya Khema;
Inhalt der Buchbox: 2 MC (digitale Aufnahme), 1 Beiheft LC 7660 (Lambdoma)

-**Erleuchtete Liebe 1994**
Kunstdruckkalender mit 13 Farbbildern von Buddha-Statuen, 38x54cm ISBN 3-928396-06-4

Weitere Titel von Ayya Khema

in deutscher Sprache:

-**Buddha ohne Geheimnis**, Theseus-Verlag, Zürich

-**Meditation ohne Geheimnis**, Theseus-Verlag, Zürich

-**Sei dir selbst eine Insel**, Theseus-Verlag, Zürich

-**Der Pfad zum Herzen**, Diamant-Verlag, Jägerndorf

-**Morgenröte im Abendland**, O.W. Barth Verlag (Scherz) München. (Buddhistische Meditationspraxis für westliche Menschen)

in englischer Sprache:

-**Being Nobody, Going Nowhere**, Wisdom Publications, Boston. (Christmas Humphreys Memorial Award 1988)

-**When the Iron Eagle flies**, Arkana (Penguin), London

Veröffentlichungen von Parappuduwa Nuns Island, Sri Lanka:

-**Be an Island unto Yourself**

-**Little Dust**

-**Here and Now**

Bestellungen oder Anfragen richten Sie bitte an:

Jhana-Verlag
Buddha-Haus
Uttenbühl 5
D-87466 Oy-Mittelberg

Telefon: 08376-502 Fax: 08142-8377

Lebenslauf:

Ayya Khema wurde 1923 als Kind jüdischer Eltern in Berlin geboren. 1938 entfloh sie dem Nationalsozialismus und gelangte mit einem Kindertransport nach Schottland. 1940 kam sie nach China, wo sie während der japanischen Besatzung drei Jahre in Zivilgefangenschaft gehalten wurde. 1949 wurde Ayya Khema amerikanische Staatsbürgerin und lebte als Ehefrau und Mutter zweier Kinder in Kalifornien. 1964 siedelte die Familie nach Australien über und führte auf einer eigenen Farm ein autonomes Landleben.

Auf Ihren Reisen durch Asien kam Ayya Khema mit dem Buddhismus in Berührung. Nach Jahren der Ausbildung in Burma, Thailand, den USA und Australien begann sie 1975 Meditation und die Lehre des Buddha - in der Tradition des Theravāda - zu vermitteln. Inzwischen ist sie in weiten Teilen der Welt eine gesuchte Meditationslehrerin. 1978 gründete Ayya Khema in Australien unweit von Sydney das Waldkloster »*Wat Buddha Dhamma*«. 1979 wurde sie in Sri-Lanka als Nonne ordiniert. Zwei Jahre später gründete sie das »International Buddhist Women's Centre« nahe Colombo. 1984 schuf sie mit ihrem Frauenkloster und Meditationszentrum auf einer der Island Hermitage benachbarten kleinen Insel - mit Namen »*Parappuduwa, Nuns Island*« - im Südwesten Sri-Lankas eine internationale Stätte für Studium und Praxis des Buddhismus. Auf Grund ihrer Inspiration entstand auch im Allgäu das Buddha-Haus, in dem sie 9 Monate im Jahr lebt und lehrt.